Barbara Schmutz · Brainstorming

BARBARA SCHMUTZ

BRAIN STORMING

300 FRAGEN ANS GEHIRN

KEIN & ABER

Covergestaltung: Maurice Ettlin
Satz: Ulrike Groeger
Druck und Bindung: GGP Media GmbH, Pößneck
ISBN 978-3-0369-5832-3
Auch als eBook erhältlich

www.keinundaber.ch

Für meinen Bruder Christoph

Inhalt

	Vorwort	9
01	Peter Brugger	11
02	Lutz Jäncke	21
03	Isabelle Mansuy	41
04	Luca Regli	47
05	Boris Nikolai Konrad	57
06	Katrin Preller/Jean-Marc Fritschy	73
07	Michael Schredl	93
08	Peter Klaver	103
09	Pascal Kaufmann	117
10	Felix Hasler	127
11	Jessica Peter	145
12	Gregor Hasler	151
13	Silvia Arber	165
14	Thomas Nevian	175
15	Josef Bischofberger	191
16	Jürg Kesselring	207
	Dank	220

Vorwort

Ursprünglich hätte es für ein Schweizer Magazin einen längeren Text zum Gehirn geben sollen: fünfzig Fragen zu unserem Denkorgan, sechs bis acht Seiten, illustriert mit Bildern.

Ich vertiefte mich in Lektüre über das Gehirn, las Bücher, studierte Studien. Schrieb Fragen über Fragen auf. Mich interessierte Alltägliches, das, was uns allen passiert: Ein Wort liegt uns auf der Zunge, aber wir können es partout nicht sagen. Weshalb nicht? Was ist in unserem Gehirn blockiert? Und Allnächtliches: Wieso verlieren wir im Schlaf das Bewusstsein? Ich schrieb die Frage auf den Block, die Neurowissenschaftler und Philosophinnen möglicherweise bis in alle Ewigkeit beschäftigen wird: Wie entsteht Bewusstsein?

300 Fragen hatte ich zusammengetragen. Für die Antworten suchte ich nach Neurowissenschaftlerinnen und -wissenschaftlern. Auf Universitäts-Homepages, in Neuro-Sciences-Netzwerken und in Studien recherchierte ich Spezialistinnen und Spezialisten. Fürs Gedächtnis, für Lernprozesse, für psychische Krankheiten, für Sucht, für Schlaf, für Neuroplastizität, für neurophilosophische Fragen, für das Zusam-

menspiel zwischen Gehirn und Darm. Mit 17 Frauen und Männern konnte ich über das Gehirn diskutieren. Rund zwanzig Fragen bekamen mehrere Wissenschaftler gestellt. Die einen antworteten auf dieselbe Frage ähnlich, andere komplett unterschiedlich, und eröffneten mit ihren Ansichten immer wieder neue Welten.

Es gab intensive Gespräche, anregende, inspirierende, zuversichtlich und nachdenklich stimmende. Und überraschende. Mit dem Neurologen, der die Idee eines Bewusstseins außerhalb des Gehirns verfolgt, weil er überzeugt ist, dass es noch andere Erkenntiswege gibt als die Naturwissenschaft. Und mit dem Neurobiologen, der ein erstaunliches Thema aufs Tapet brachte: Unser Gehirn funktioniert mit einer Zufallskomponente.

Alle Wissenschaftlerinnen und Wissenschaftler erklärten ihre Forschung und die Erkenntnisse, die sie daraus gewonnen hatten, so detailliert und verständlich, dass ich nur weniges für Laien übersetzen musste. Wurde es kompliziert, bekam ich einen Sachverhalt nochmals geschildert, Grafiken gezeigt und Hirnmodelle auseinandergenommen. Und weiß nun: Unser Kopf beherbergt ein Wunderwerk.

01

»Theoretisch könnte man das Gehirn aus dem Körper entfernen und in einer Nährlösung lagern.«

Der Neuropsychologe Peter Brugger sagt, weshalb es für das Gehirn schwierig wäre, den Körper zu verlieren. Warum er das Bauchgefühl in der rechten Hirnhälfte verortet und was im Gehirn von Menschen passiert, die erklären, sie seien hellsichtig.

Wieso haben wir zwei Hirnhälften?

Das ist ein Rätsel, über das Wissenschaftler seit Längerem streiten. Wäre es nicht besser, wir hätten nur ein motorisches Zentrum statt zwei, die koordiniert werden müssen? Andererseits ist es immer gut, etwas doppelt zu haben, falls ein Teil ausfallen sollte. Wir haben ja auch zwei Augen, die doppelte Anlage brauchen wir für das Tiefensehen. Das bringt mich auf einen Gedanken: Möglicherweise dienen unsere beiden Hirnhälften auch einer Art vertieftem Sehen, sodass wir in der Tiefe des Gehirns einen Sachverhalt auf zwei Arten betrachten können.

Was passiert, wenn einem Menschen eine Hirnhälfte entfernt wird?

Erwachsene wären auf der Körperseite, die von der entfernten Hirnhälfte gesteuert wird, gelähmt. Kindern, die an schwerer Epilepsie leiden, wurde früher manchmal eine Hirnhälfte herausoperiert, damit sich die Anfälle nicht mehr über das ganze Gehirn entladen. Sie konnten danach immer noch beide Körperhälften bewegen, waren aber auf derjenigen Seite, welche von der entfernten Hirnhälfte gesteuert wurde, ein wenig behindert.

Ist eine Hirnhälfte dominant?

Dominant wofür? Beim Rechtshänder ist die linke Hirnhälfte besser in der sprachlichen Verarbeitung, also sprachdominant. Die rechte Hirnhälfte hingegen erkennt besser Gesichter. Die Sprachverarbeitung selbst ist noch mal unterteilt in verschiedene Dominanzen oder besser: Kompetenzen. Die linke Hirnhälfte ist bestimmend, wenn es um klare, enge Assoziationen geht, wie »Tisch und Stuhl«. Sind die Assoziationen aber viel weiter, zum Beispiel »Tisch und Blume«, weil die Blume in einer Vase ist und diese auf dem Tisch steht, ist die rechte Hirnhälfte aktiv. Wer bei Fluss an Wasser denkt, hat die linke Hirnhälfte aktiviert, wem bei Fluss Reise in den Sinn kommt, arbeitet mit der rechten Hirnhälfte.

Wieso sind die meisten Menschen Rechtshänder?

Das ist nicht bekannt. Wohl aber, dass es in allen Kulturen und in allen Zeiten der Menschheitsentwicklung mehr Rechtshänder gab. Das zeigen uns Handabdrücke bei Höhlenmalereien, wir sehen, mit welcher Hand sich der Mensch abgestützt hat, und mit welcher er malte. Meistens mit der rechten. Aber auch an Gebrauchsinstrumenten erkennt man, dass bereits in frühen Zeiten auf zehn Rechtshänder gerade ein Linkshänder kam.

Rechtshändigkeit überwiegt auch in Kulturen, die von rechts nach links schreiben. Wieso das?
Das ist eine große Frage – wie kommen Kultur und Natur zusammen? Die Schreibrichtung ist dafür das schönste Beispiel. Wir wissen, dass Angehörige von Kulturen, die von rechts nach links schreiben, ein bisschen anders reagieren bei Aufgaben, bei denen es um rechts und links geht, etwa dann, wenn sie eine Linie halbieren müssen.

Wie sieht denn ihre halbierte Linie aus?
Die gesehene Mitte ist ein wenig zur rechten Seite hin verschoben, also zum Zeilenanfang hin. Interessant ist aber, dass bei Menschen, die von rechts nach links schreiben, die Sprachdominanz genauso in der linken Hirnhälfte angesiedelt ist wie in unserer Kultur. Wir haben alle das gleiche Gehirn. Auffallend ist auch, dass die meisten horizontal orientierten Sprachen von links nach rechts geschrieben werden. Weshalb dies so ist, ist mir nicht bekannt. Ich weiß nur, dass auch Tiere, zum Beispiel Küken, von links nach rechts zählen: Kleine Körnermengen sind für sie eher mit links assoziiert, große mit rechts.

Es gibt eine Entwicklungsphase, während der Kinder aus Kulturen, in denen die Schrift von links nach rechts verläuft, plötzlich von rechts nach links schreiben. Warum tun sie das?
Das ist in der Tat eine spannende Beobachtung. Sie führte zu anhaltenden Kontroversen. Einerseits gehen uns Bewegungen von der Körpermitte nach außen hin einfacher von der Hand als solche in umgekehrter Richtung. Dies führt dazu, dass gerade linkshändige Kinder im Vorschulalter vermehrt von rechts nach links, also in Spiegelschrift schreiben. Es gibt aber auch noch einen anderen Faktor, der Fünf- bis Sechsjährige dazu verführt, spiegelbildliche Buchstaben zu schreiben:

Die Tatsache, dass unser Zeichensystem mehr nach rechts hin ausgerichtete Buchstaben und Ziffern hat – zum Beispiel die Buchstaben B, C und F und die Ziffern 5 und 6 – als nach links hin orientierte wie etwa der Buchstabe J oder die Ziffern 3 und 7. Unabhängig davon, ob ein Kind Links- oder Rechtshänder ist, treten Spiegelschriftfehler vor allem in der letzteren Kategorie auf, allerdings nur, solange das Kind noch nicht flüssig schreiben kann.

Der Körper braucht das Gehirn. Wie ist es umgekehrt, braucht das Gehirn auch einen Körper?

Theoretisch könnte man das Gehirn aus dem Körper entfernen und es in einer guten Nährlösung lagern. In Roald Dahls *Küsschen, Küsschen* gibt es dazu eine wahnsinnig schöne Geschichte von einem Gehirn, das auf einem Bücherregal lebt. Künstlich ernährt bräuchte es keine Hand, um das Essen zu greifen, keine Füße, um irgendwo hinzugehen, wo es Essen findet und Sachen pflücken kann, und verdauen müsste es auch nicht. Physisch ließe sich ein Leben ohne Körper wohl vorstellen. Trotzdem wäre es für das Gehirn, das an den Körper gewöhnt ist, wahrscheinlich schwierig, Letzteren zu verlieren. Es gäbe keine Sozialkontakte mehr …

… und keine Berührungen.

Doch, Phantom-Berührungen, den Körper würden wir noch spüren, als Phantom. Aber hoffentlich keine Schmerzen mehr. Das wäre die Hölle, weil wir nicht fähig wären, jemanden zu bitten, die Schmerzen zu lindern. Aber ja, die Frage ist interessant, wozu ein Körper biologisch da ist. Als Neurowissenschaftler könnte ich sagen, um das Gehirn rumzutragen, es an die Futterplätze zu bringen, in die Gesellschaft zu tragen und zu künftigen Partnern.

Dafür müsste der Körper aber nicht so groß sein.

Das stimmt. Obwohl: Zum Laufen brauchts ein Herz-Kreislauf-System und zum Ernähren einen Verdauungstrakt. Das braucht Platz.

Ab und zu hört man, Menschen würden nur rund zehn Prozent ihres Gehirns nutzen.

Das ist Unsinn. Teilweise verbreitet von Gruppen wie Scientology. Wir brauchen immer das ganze Gehirn. Aber nicht immer zu hundert Prozent bewusst. Beim Autofahren zum Beispiel laufen in unserem Gehirn viele Prozesse ab, die wir größtenteils gar nicht wahrnehmen. Unser Gehirn arbeitet so, dass einmal dieses Areal mehr genutzt wird, ein anderes Mal ein anderes. Und je nach Fertigkeiten sind bei manchen Menschen bestimmte Hirnareale ausgeprägter als bei anderen. Ein Langstreckenläufer braucht seine Beinareale im Gehirn häufiger als ein Nichtsportler und setzt sie deshalb geschickter ein. Menschen, die viel lesen und viel schreiben, benutzen die entsprechenden Areale mehr als diejenigen, die kaum schreiben und selten lesen. Und dann passiert es auch immer wieder, dass bestimmte Areale plötzlich Aufgaben von anderen übernehmen. Zum Beispiel bei Menschen, die erblinden. Der visuelle Cortex, der bisher für das Sehen zuständig war, wird nun für anderes eingesetzt.

Wofür denn?

Zum Beispiel für Berührungseindrücke. Denken Sie an die Brailleschrift, diese wird ja via Fingerspitzen gelesen.

Wird das Bauchgefühl vom Kopf gesteuert?

Ja. Das Bauchgefühl ist gleichbedeutend mit Intuition, ich verorte es in der rechten Hirnhälfte. Die rechte Hemisphäre, das ist bei allen Menschen so, ist zuständig für Wachsamkeit, für Vorsicht, für das Negative, die Angst. Mein Bauchgefühl sagt nicht: »Geh in dieses oder jenes Land in die Ferien.« Wenn sich das Bauchgefühl meldet, dann häufig, weil es mir signalisieren will, dass ich in einer bestimmten Angelegenheit oder einem bestimmten Menschen gegenüber vorsichtig sein soll. Das Bauchgefühl sagt: Aufpassen!

Was passiert im Gehirn von Menschen, die überzeugt sind, sie seien hellsichtig?

Menschen, die von sich sagen, sie seien hellsichtig, beurteilen Situationen anders. Sie erzählen von Begebenheiten, die andere als unglaublichen Zufall schildern würden. Ein Beispiel: Sie träumen, dass Sie in einem Wettbewerb ein rotes Auto gewonnen haben, und gewinnen dann wenig später tatsächlich ein rotes Auto. Kehrte dieser Traum jede Nacht wieder, würde jeder glauben, dass er hellsichtig oder prophetisch begabt sei. Wird nun aber dem Menschen, der vom roten Auto geträumt hat, am nächsten Tag sein grünes Fahrrad gestohlen, kommt er nicht unbedingt auf die Idee, dass Traum und Diebstahl etwas miteinander zu tun haben. Es sei denn, er glaubt an Übersinnliches und sagt: »Das *kann* kein Zufall sein!« Etwas nüchternere Menschen würden höchstens denken: »Interessant, dieser Symbolismus – ich träume von einem roten Auto und anderntags wird mir mein grünes Fahrrad gestohlen.« [1]

Mit beidem ist man unterwegs, mit dem Auto und dem Fahrrad.

Genau, und Rot und Grün sind Komplementärfarben. Nun gibt es aber noch eine dritte Gruppe von Menschen und für

1 Peter Brugger publizierte in verschiedenen Zeitschriften zu Hellsichtigkeit und zum Glauben an Außersinnliches, beruhend auf Studien und Experimenten. Eine Auswahl:
»Ich seh etwas, was du nicht siehst«, *Psychologie Heute* (September 2006)
»Wo glauben Sie hin?«, *Gehirn & Geist* (März 2007)
»Moderner Aberglaube und seine biologischen Wurzeln«, Reinhard Neck, Christiane Spiel (Hg.) *Wissenschaft und Aberglaube* (2020).

die ist klar: Dieser Traum war kein Zufall, sondern ein Wink – ich hätte mein Fahrrad besser abschließen müssen. Wir konnten hier, am Institut für Neuropsychologie, zeigen, dass Menschen, die von sich sagen, sie seien hellsichtig – ich nenne sie Gläubige –, weiter assoziieren als andere. Dafür machten wir folgenden Versuch: Wir teilten den Versuchsteilnehmern das Wort »Löwe« mit und baten sie, einen Knopf zu drücken, wenn sie ein nächstes Wort hören, das einen Sinn ergibt, zum Beispiel »Bauch«. Also, auf »Löwe« folgt »Bauch«, die Teilnehmer drücken den Knopf. Auf »Löwe« folgt »Mähne«, die Teilnehmer drücken den Knopf schneller, weil »Mähne« mit »Löwe« assoziiert wird. Folgte auf »Löwe« »Streifen« drückten sie ebenfalls schneller.

Afrika, Zebra …

… und Tiger. Das schnelle und weite Assoziieren sind Eigenschaften eines kreativen Geistes. Allerdings besteht die Gefahr, dass Sachen gesehen und miteinander in Verbindung gebracht werden, die objektiv keine Verbindung haben. Es ist bekannt, dass auch paranoid schizophrene Menschen schneller und weiter assoziieren. Die Mechanismen im Gehirn der Gläubigen sind dieselben wie bei Menschen mit paranoider Schizophrenie.

Hirnforschung gibt es schon lange. Aber bei der Behandlung von psychischen Krankheiten oder von chronischen Schmerzen ist die Wissenschaft noch nicht viel weiter. Weshalb nicht?

Interessant, dass Sie sagen: Hirnforschung gibt es schon lange, Fortschritte bei psychischen Erkrankungen aber noch nicht viele. Sie bringen Gehirn und Psyche zusammen und sagen damit, dass psychische Erkrankungen Krankheiten des Gehirns sind. Ich erforsche Menschen mit Xenomelie, das sind Menschen, die einen Arm oder ein Bein als nicht zu ihrem Körper gehörend betrachten und die Extremität amputiert haben wollen. Ich stellte fest, dass gewisse Areale in ihrem Gehirn anders sind als bei Kontrollpersonen. Und doch würde ich daraus nicht schließen, dass der Amputationswunsch rein neurologisch bedingt ist, er hat eine neurologische Mitbedingung.

Und der Rest?

Internet, Kommunikation, Kultur, Forschung. Ich komme mir manchmal ethisch ein bisschen grenzwertig vor, denke, am besten würde ich mit dieser Forschung aufhören.[2]

Weil es dann die Krankheit nicht mehr gäbe?

Das ist eben die Frage. Züchten wir eine Störung heran, indem wir darüber reden? Vor hundert Jahren gab es das Krankheitsbild der Xenomelie noch nicht, beziehungsweise der Amputationswunsch wurde als sexuelle Perversion betrachtet, weil mehr als die Hälfte der Betroffenen amputierte Glieder sexuell anziehend findet. In Japan und China kennt man Xenomelie auch heute noch nicht. Wenn man in diesen Ländern jemanden fragt, ob er das Gefühl habe, dass ein bestimmter Körperteil nicht zu ihm gehöre, hält er einen für verrückt. Und ich mache jede Wette, dass in Ländern, in denen Krieg herrscht und viele Menschen wegen Landminen Arme und Beine verloren haben, kein Einziger einen gesunden Körperteil amputiert haben will.

2 P. Brugger: »Der Wunsch nach Amputation. Bizarre Macke oder neurologische Störung?«, *Ars Medici*, (Februar 2011).
P. Brugger et al: »Limb amputation and other disability desires as a medical condition«, *www.thelancet.com/psychiatry* (Dezember 2016), Vol 3., S. 1176–1186.

Zurück zur ursprünglichen Frage. Weshalb gibt es trotz Hirnforschung bei der Behandlung von psychischen Krankheiten oder von chronischem Schmerz nicht mehr Fortschritte?

Weil in der Forschung mit jeder Frage, die beantwortet wird, mindestens fünf neue, wesentliche Fragen entstehen und dazu noch fünfhundert am Rand, für die man keine Zeit hat. Immer mehr Fragen heißt, die Erkenntnisse werden stetig präziser. Dank der Hirnforschung wissen wir heute, dass für Halluzinationen und Wahn, die bei Schizophrenie auftreten, im Gehirn andere Areale zuständig sind als für die Lethargie, die bei dieser Krankheit ebenfalls vorkommt. Aus diesen Erkenntnissen kann die Pharmazie bessere Medikamente machen, das sind Riesenfortschritte. Psychische Probleme wird es immer geben, aber man betrachtet sie differenzierter. Die Fragen ändern sich, aber sie werden nicht kleiner.

Der Computer hat die Handschrift mehr oder weniger aus dem Alltag verdrängt. Wird sich das auf unser Gehirn auswirken?

Ziemlich sicher, ja. Schreiben mit einem Computer ist völlig anders als schreiben von Hand. Vor allem, wenn es darum geht, ein kompliziertes Problem zu skizzieren. Ich notiere mir dann jeweils die einzelnen Sachverhalte auf ein Papier oder zeichne sie gar auf. Verbinde mit Pfeilen gewisse Wörter, streiche andere durch, aber so, dass ich sie immer noch lesen kann. Der Rückgang der Handschrift wird mit Sicherheit große Veränderungen im Gehirn bewirken.

Welche?

Das wäre eine spannende Frage für die Forschung.

Kurzbiografie Peter Brugger

Peter Brugger, geboren 1957 in Zürich, ist Professor für Verhaltensneurologie und Neuropsychiatrie an der Universität Zürich. Von 2003 bis 2019 leitete er die Abteilung Neuropsychologie der Klinik für Neurologie am Universitätsspital Zürich, dann hat er die Leitung der Neuropsychologie an der Rehabilitationsklinik Valens übernommen. Brugger konzentriert sich in seiner Forschung darauf, wie Raum, Körper, Zahl und Zeit im Gehirn repräsentiert sind. Er untersucht Halluzinationen und Identitätsstörungen, interessiert sich dafür, wie außerkörperliche Erfahrungen zustande kommen und welche psychologischen und neuronalen Grundlagen der Glaube ans Übersinnliche hat. Zudem erforscht er Menschen mit Xenomelie. Diese Menschen betrachten einen Arm oder ein Bein als nicht zu ihnen gehörig und wollen die Extremität amputiert haben.
Peter Bruggers Forschung: www.tinyurl.com/peterbrugger

02

»Ich bin überzeugt, dass wir irgendwann Gehirne konstruieren können, die so denken wie Menschen.«

Lutz Jäncke, Professor für Neuropsychologie, überlegt, ob auch Roboter Menschenrechte haben.

Unser Gehirn verändert sich im Lauf des Lebens, neue neuronale Netzwerke entstehen, andere verschwinden. Weshalb haben wir trotzdem bis ans Lebensende das Gefühl, mehr oder weniger derselbe Mensch zu sein?
Das, was wir sind beziehungsweise glauben zu sein, ist im Wesentlichen eine Interpretation unseres Gehirns und die Folge unserer Erinnerung. Ich bin ein großer Anhänger des Konstruktivismus, weil ich sicher bin, dass unser Gehirn ein Interpretationsorgan ist. Wir sind blind für den größten Teil dessen, was auf uns einprasselt, und nehmen die Welt nicht als Ganzes wahr, sondern aus bestimmten Perspektiven. Aus dem kleinen Teil der Informationen, die wir mitbekommen, konstruieren wir unser Leben und unsere Person. Wir sind Konstrukteure unserer eigenen Welt. Das spiegelt sich auch in einem Wort wider, das wir in der Psychologie verwenden, um zu beschreiben, wie wir die Welt interpretieren: Wir

sprechen von Wahrnehmung. Da steckt der Begriff Wahrheit drin, doch Wahrheit hat nur lose Bezüge zur Realität, zur Art und Weise, wie wir die Realität interpretieren. Wahrnehmung ist Sinnesphysiologie plus Kognition plus Interpretation. Im Grunde leben wir in einer Matrix.

Wir sehen weder Röntgenstrahlen noch UV-Licht, und im Vergleich mit anderen Lebewesen hören wir schlecht. Weshalb limitiert das Gehirn die Realität um uns herum?
In jedem Moment fluten auf unser Sensorium 11 Millionen Bit pro Sekunde ein, davon nehmen wir bewusst 11 bis 60 Bit wahr. Mehr würde in unserer Wahrnehmungswelt keinen Sinn machen. Das Gehirn limitiert die Realität nicht im Sinne eines Defizits. Der Mensch ist ein biologisches Lebewesen, wir sind Tiere. Um zu überleben, hat sich das Tier Mensch an eine bestimmte Umwelt angepasst. Die Sinnesorgane und die Wahrnehmung jedes Lebewesens, ob Mensch oder Kakerlake, sind an die Welt angepasst, in der es lebt. Und für diese jeweilige Welt ist sein Sensorium spezialisiert. Unser Hören, Sehen, Fühlen ist so ausgerichtet, dass wir in dieser Welt überleben können. Wir können die wichtigsten Feinde identifizieren und wir haben sozialen Umgang gelernt, das Zusammenleben mit anderen Menschen. Wir sind also perfekt an unsere Umwelt angepasst.

Wenn mehrere Menschen an einem Tisch sitzen – schließen sich dann die Gehirne der Einzelnen zu einem einzigen großen Netzwerk zusammen?
Die Menschen schließen sich tatsächlich mental zusammen. Sprechen zwei, drei Menschen über das Gleiche, synchronisieren sich ihre Gehirne. Das sieht man an der Hirnaktivität, die immer ähnlicher wird. Das ist ein Ausdruck des gleichen Denkens, des Mitschwingens, des Mitfühlens, der Empathie. Die Hirnaktivitäten der einzelnen Menschen aktivieren sich

gegenseitig und kommen so in die gleichen Oszillationsmuster. Das hat mit einem der wichtigsten Mechanismen zu tun, wenn nicht sogar mit dem wichtigsten überhaupt, den die Natur dem Homo sapiens mitgegeben hat: Aufbau und Erhalt von sozialen Bindungen mit Mitmenschen, die für uns relevant und wichtig sind. Wir haben eine ganze Reihe von psychologischen Mechanismen tief in unser Gehirn eingebrannt, um sozialen Kontakt aufrechtzuerhalten und ihn zu schätzen.

Welche Mechanismen sind das?

Mimik, Gestik, Körpersprache und die Fähigkeit, sich in den anderen hineinzuversetzen. Wir nennen dies Theory of Mind. Wir versuchen zu ergründen, was unser Gegenüber denkt, machen uns Gedanken über unseren Gesprächspartner und verhalten uns entsprechend. Dafür sind wir hochgradig spezialisiert. Und auch darauf, zu anderen Lebewesen eine Bindung aufzubauen, das machen wir über Kommunikation, über Handlungen, über Zusammenarbeiten. Am besten funktioniert das Sozialverhalten von Angesicht zu Angesicht. Physisch präsent sein ist sehr wichtig.

Warum verwenden wir so viel Energie darauf, soziale Bindungen aufzubauen?

Weil der größte Feind des Menschen der Mensch ist. Wir sind empathische Egoisten, wir nutzen andere Menschen aus. Wollen wir verhindern, selbst ausgenutzt zu werden, müssen wir Bindungen aufbauen, die Menschen herauspicken, auf die wir uns verlassen, denen wir vertrauen können. Wir sind fantastisch gut im Erkennen von Mimik, wir hören aus Stimmen Emotionen heraus, sind unfassbar sensibel im Aufbauen und Pflegen von sozialen Kontakten. Wenn uns jemand Gutes tut, uns sozial anerkennt, ist dies das schönste Geschenk, das man uns machen kann. Der Verlust von sozialer Anerkennung hingegen ist der größte Stressor überhaupt. Und Vertrauensmissbrauch gehört zu den schlimmsten Enttäuschungen. Würden wir Letzteren mit Vernunft betrachten, würden wir erkennen, dass der Mensch, der einmal aus der Spur geraten ist, trotz seiner Verfehlung, der Mensch ist, der mich so gut versteht wie sonst keiner. Aber wir bleiben misstrauisch. Ist das Vertrauen einmal verletzt worden, bleibt ein Leben lang etwas hängen.

Braucht unser Gehirn zwingend andere Menschen oder könnte es sich auch selbst genügen?
Wir sind soziale Wesen, das ist tief in uns drin. Sozial eingebunden zu sein ist einer der Grundantriebe des menschlichen Daseins. Man kann natürlich in bestimmten Situationen tief enttäuscht sein von anderen Menschen und sich von ihnen abkehren. Aber das sind Ausnahmen.

Nehmen wir an, Sie wären der letzte Mensch auf Erden. Wie würden Sie diese Einsamkeit ertragen wollen?
Das wäre nicht einfach. Ich müsste wohl Alternativwelten erfinden, so wie es Robinson Crusoe auf der einsamen Insel tat.

Der Schriftsteller Daniel Defoe[1] ließ seine Figur wissen, dass es nach wie vor Menschen gibt. Ihnen aber wäre klar, dass Sie der letzte Verbliebene sind. Was unternähmen Sie, um ohne menschliche Bindung nicht zu verzweifeln?
Ich würde versuchen, Ersatzwesen zu finden, Tiere, mit denen ich sprechen könnte. Die Lust an der Kommunikation ist

1 Im Buch *Robinson Crusoe*, erstmals erschienen 1719, beschreibt der britische Schriftsteller die Geschichte des Seemannes Robinson Crusoe. Nachdem er Schiffbruch erlitten hatte und auf einer Insel gestrandet war, verbrachte er 28 Jahre auf dem Eiland, davon die ersten mutterseelenallein.

beim Menschen ja enorm. Das ist ein eingebrannter Antrieb. Alleinsein ist schwierig, wohl das Schwierigste überhaupt.

Es gibt Altruisten und Misanthropen, Extrovertierte und Introvertierte. Unterscheiden sich die Gehirne dieser Menschen voneinander?

Anatomisch können wir nicht erkennen, ob jemand extrovertiert oder introvertiert ist, ich bin aber sicher, dass wir die Unterschiede irgendwann werden sehen können. Die Grundlagen für unsere Persönlichkeit sind verwoben in den Netzwerken unseres Gehirns. Alles, was wir tun – lieben, denken, fühlen, hassen, das ganze Drama unseres Lebens wird generiert von den neuronalen Netzwerken unseres Gehirns. Demzufolge sind Persönlichkeitsunterschiede die Konsequenzen ganz verschiedener neurophysiologischer Aktivierungsmuster.

Am besten erkennt das Gehirn Gesichter. Weshalb?

Mimik gehört zu den wichtigsten biologischen Signalen, die wir gesendet bekommen und die wir aussenden. Wir sind Weltmeister im Erkennen von Mimik. Wir haben spezielle Hirnstrukturen dafür, die trainiert und ständig verbessert werden müssen. Mimik ist für unseren Aufbau von Beziehungen von herausragender Bedeutung. Sie ist wahrscheinlich der wichtigste soziale Kanal, den wir benutzen.

Weshalb haben wir unsere Mimik manchmal nicht unter Kontrolle?

Wir können einen großen Teil unserer Mimik manipulieren, die spontane aber, die wichtige, die haben wir nicht im Griff. Angst, Überraschung, Ekel, Verachtung, Freude. Bei echter Freude lachen Mund- und Augenpartie, die Muskeln um den Mund und um die Augen sind simultan aktiv. Von den Models, von Heidi Klum etwa, kennen wir das gestellte Lächeln, bei dem die Augen nicht mitlachen. Beim echten Lachen, das von Emotionen getrieben ist, werden die Mundwinkel hochgezogen und gleichzeitig die Augenmuskulatur kontrahiert, Duchenne-Smile nennen wir das. Mit der spontanen Mimik, den Basissignalen, zeigen wir unseren Mitmenschen, welche Emotionen gerade in uns aktiv sind. Unser Gegenüber sieht unsere Gefühle und kann daraus ableiten, wie es sich am besten verhält. Unabhängig von der Sprache, die wir sprechen, unabhängig von der Ausbildung, die wir haben: Alle Menschen auf der Welt können sich mit Mimik und Gestik verständigen. Es gibt Untersuchungen mit taubblind geborenen Kindern, die in der Mimik von anderen Menschen weder Freude noch Angst jemals gesehen hatten, und die auch die dazugehörigen Lautäußerungen nie gehört hatten, und doch zeigte sich auf ihren Gesichtern Freude oder Angst, wenn sie solche empfanden.

Vergleicht man das Gehirn eines Menschen aus der Steinzeit mit dem Gehirn eines heutigen Menschen: Welche Unterschiede zeigen sich?

Keine großen. Die Gehirne sind im Prinzip gleich. Das, was drin ist, ist anders. Der Steinzeitmensch konnte nicht lesen, aber die Hirngebiete, die heute fürs Lesen reserviert sind, waren bereits da, er nutzte sie einfach für anderes. Für manche der heutigen Menschen ist es schwer nachvollziehbar, dass sich unser Gehirn kaum von demjenigen des Steinzeitmenschen unterscheidet. Wir sind, wie unser Vorfahre damals, empathische Egoisten. Wir können moralisch und unmoralisch sein, friedfertig und aggressiv, rigide und kreativ. Wir haben alles in uns drin. Gerade auch die Aggressivität, obwohl wir glauben, wir hätten sie zu einem Großteil überwunden. Gar nix haben wir überwunden. Die basalen menschlichen Antriebe erkennen wir immer dann, wenn es um uns selbst geht. Panik im Flugzeug: Der friedfertigste Aktivist wird über andere hinwegtrampeln. Da entfalten sich

Mechanismen, die wir ansonsten unterdrücken. Stehen unsere Interessen oder die unserer Familie auf dem Spiel, werden wir immer ungemütlich. In solchen Situationen kommt auch zum Ausdruck, was für unser Überleben wichtig ist – wir sind nicht für die heutigen großen Gesellschaften konstruiert, sondern für kleine Gruppen. In diesen können wir Bindung leben. Die Menschen, zu denen wir enge Bindungen aufgebaut haben, die sind uns wichtig, die beschützen wir. Zu den anderen können wir zwar kognitive Bindungen aufbauen, aber emotional sind sie uns …

… egal.
Das ist der Punkt, genau.

Unterscheiden sich Frauengehirne von Männergehirnen?
Der größte Unterschied ist die Größe. Frauen haben etwas kleinere Gehirne als Männer, sie sind im Mittelwert circa 200 Gramm leichter, dafür ist der Vernetzungsgrad ein bisschen größer. Das heißt, die Anzahl Neuronen ist wahrscheinlich bei Männern und Frauen die gleiche. Aber bei Frauen sind mehr Neuronen pro Volumeneinheit untergebracht als bei Männern. Es gibt auch Männer mit Gehirnen so groß wie Frauengehirne und Frauen mit Gehirnen so groß wie Männergehirne. Eines wissen wir heute sicher – die Anatomie des Gehirns ist nicht entscheidend für das vermeintlich unterschiedliche Verhalten der Geschlechter.

Früher bekamen die Menschen Wissen und Informationen vorgelesen. Wofür war das Areal, das wir heute fürs Lesen brauchen, reserviert?
Ich vermute, dass Steinzeitmenschen die Leseareale für die Formerkennung nutzten, sie malten ja bereits Bilder, symbolhafte Gemälde. Vielleicht diente ihnen das Leseareal dazu, hinter den Symbolen Informationen zu erkennen.

Das Human Brain Project will das Gehirn simulieren, um Krankheiten besser erforschen zu können. Lassen sich das Gehirn und seine Funktionen tatsächlich nachbilden. Auch Humor, Schlagfertigkeit, Esprit?

Die Wissenschaftler des Human Brain Projects wollten aus einem Rattengehirn eine digitale Rekonstruktion des Gehirns machen. Geschafft haben sie dies bisher nicht mal ansatzweise. Ich würde das Projekt als gescheitert betrachten. Trotzdem gefällt mir die Idee, das Gehirn zu simulieren, man soll sie weiterverfolgen. Ich würde mich aber auf digitale Rekonstruktionen von Denkprozessen konzentrieren. Was Esprit, Humor, Schlagfertigkeit betrifft – diese psychologischen Funktionen, die als Kernfähigkeiten des Menschen gelten, sind tatsächlich schwierig nachzubilden. Allerdings müssen wir aufpassen, dass wir diese Fähigkeiten nicht überbewerten. Willibald Ruch, Professor für Persönlichkeitspsychologie an der Universität Zürich, untersuchte Witze und stellte fest, dass es zwei, drei unterschiedliche Kategorien von Witzen gibt und dass diese überall auf der Welt gleich ankommen. Es gibt die inkonsistenten Witze mit grotesken Details und mit Wendungen, über die man nachdenken muss. Es gibt die plumpen Witze, die Stammtischwitze, und die sexistischen Pointen. Ich würde behaupten, letztere beide machen bis zu sechzig Prozent der Witze aus. Der deutsche Komiker Mario Barth erzählt solche Witze und füllt damit Fussballstadien. Auf den Rängen sitzen Durchschnittsmenschen und lachen sich die Hucke voll. Platte Witze könnte man durchaus rekonstruieren und damit wahrscheinlich auch einen Roboter zum Lachen bringen.

Kann ein Roboter ähnlich kreative Ideen haben wie das menschliche Gehirn?

Wir betrachten den Menschen als wahnsinnig kreatives Wesen, aber neunzig Prozent unseres Lebens bestehen aus Gewohnheiten, aus Sachen, die wir jeden Tag machen. Auch Menschen, die eine außergewöhnliche Leistung erbracht haben, sind nicht ihr ganzes Leben lang kreativ. Einen Steve Jobs gibt es nicht dutzendfach, und auch unglaublich gute Maler findet man nicht viele. Ja klar, auch Computer können kreativ sein. Kreativität ist Zufall, kombiniert mit Wissen, das bereits vorhanden ist. Auf Arte gibt es eine Serie, sie heißt *Real Humans* und erzählt von Robotern, die aussehen wie Menschen und sich auch so verhalten. Erst designten die Forscher in *Real Humans* Gärtner-Roboter, Chauffeur-Roboter, Nanny-Roboter. Später dann bauten sie auch Roboter, die Unterhalter sind, Freunde, Liebespartner. Ich bin überzeugt, dass wir irgendwann Gehirne werden konstruieren können, die so denken und sich so verhalten wie Menschen.

Wären ihre Netzwerke so plastisch wie das Gehirn des Menschen?
Mit Sicherheit, Roboter-Netzwerke sind lernfähig. Wir könnten ihnen Grenzen einbauen, zum Beispiel dafür sorgen, dass sie nicht töten. Innerhalb der Grenzen, die wir ihnen setzen, könnten sich die Netzwerke der Roboter aber individuell entwickeln. So wie sich unsere Gehirne entwickeln. Es gäbe zu uns keinen Unterschied mehr.

Hätten die Roboter dann auch Menschenrechte?
Mir fällt es schwer, darauf eine Antwort zu geben, weil dann das, was uns zu Menschen macht, auf dem Prüfstand steht.

Was macht uns zu Menschen?
Witz, Esprit, Kreativität – glauben wir. Doch diese Domänen werden uns nicht exklusiv erhalten bleiben. Was uns zu Menschen macht ist Blut, Flüssigkeit, CO_2. Das Verhalten, das kann man modellieren. Ich beginne mich zu fragen, was es bedeutet, ein Mensch zu sein. Die Menschenrechte tragen

der Tatsache Rechnung, dass wir individuelle Wesen sind mit Bedürfnissen und wir das Recht haben, dass unsere Bedürfnisse befriedigt werden. Ich kann mir vorstellen, dass man dereinst ein neuronales Netz erschafft, das dafür sorgt, dass die Wesen, die so gemacht wurden, Bedürfnisse haben. Wir werden uns fragen müssen, ob wir diesen Wesen das Recht zugestehen, ihre Bedürfnisse zu befriedigen. Wenn das Vorhandensein von Bedürfnissen die Grundlage ist für Menschenrechte, müssen wir diesen Wesen, den Robotern, Rechte zugestehen.

In seinem Buch *The Brain* sagt der amerikanische Hirnforscher David Eagleman[2], Sehen sei eine Ganzkörpererfahrung. Weshalb braucht das Gehirn den Körper zum Sehen?

Eagleman macht eine gewagte Feststellung. Ich kann mir eher das Gegenteil vorstellen: Dass unsere Gehirne wie in der Comicserie *Futurama* ohne Körper leben können. Das geht aber nur, wenn sie Körpererfahrungen gespeichert haben. Diese brauchen wir für unsere Emotionen. Wenn wir etwas fühlen, fühlen wir unseren Körper. Unser Magen knurrt, das Herz schlägt uns bis zum Hals, uns wird heiß oder kalt. Diese Körperempfindungen, wir nennen sie somatische Marker, signalisieren uns, was in uns vorgeht. Haben wir nun viele Gefühle erfahren und gelernt, können wir sie als Empfindungen abspeichern und mental wieder abrufen. Den Körper brauchen wir dafür nicht mehr. Wir sprechen in solchen Fällen von »Als ob«-Empfindungen. Ein drastisches Beispiel dafür sind Eunuchen. Selbst wenn sie komplett kastriert sind, haben sie immer noch sexuelle Empfindungen, vor allem dann, wenn sie vor der Kastration Sex hatten.

2 David Eagleman: *The Brain. Die Geschichte von dir* (2017), S. 173–182.

Menschen, die fasten, berichten von einem klaren Kopf. Weshalb ist dies so, obwohl das Gehirn sehr viel Energie braucht und beim Fasten fast keine bekommt?
Wenn wir hungrig sind, befindet sich unser Körper in Habachtstellung. Wir sind gerade dabei, eines der elementarsten Bedürfnisse nicht zu befriedigen. Wahrscheinlich ist unser Gehirn während des Fastens aufmerksamer als gewöhnlich und wir haben das Gefühl, unser Verstand sei wacher.

Wenn eine bestimmte Hirnregion wächst, indem man etwas Neues lernt, eine Fremdsprache zum Beispiel oder ein Instrument spielen, schrumpft dann eine andere Region?
Das kann ich nicht genau sagen. Aber ich denke nicht, dass bestimmte Hirngebiete auf Kosten von anderen kleiner werden. Ich vermute vielmehr, dass dies systemisch ausgeglichen wird. Die Veränderungen sind auch nicht so riesig und deshalb nicht gut messbar.

Kann das Gehirn mit Nachrichten überflutet werden?
Oh ja. Wir sind keine Multitasker. Unser Gehirn ist konstruiert für die Fokussierung auf das Wesentliche. Wenn viele Informationen auf das Gehirn einprasseln, schaltet es in einen anderen Modus, wir geben uns dann den Reizen hin. Wir sind nicht mehr die Agenten unseres eigenen Verhaltens, sondern jagen jedem Stimulus hinterher.

Woher kommt denn der Hype ums Multitasking?
Der entstand, weil der Autor und Erfinder Raymond Kurzweil das Multitasking postuliert hat. Vor ungefähr zehn Jahren sagte Kurzweil bei einem Vortrag an der Uni Basel, wir würden uns in einem evolutionären Prozess zum Multitasker befinden. Das stimmt auf keinen Fall, unsere Gehirne sind dieselben wie vor 40 000 Jahren. Es ist sinnlos, Multi-

tasking machen zu wollen, weil wir eine beschränkte kognitive Ressource haben. Wir müssen die Ressource auf die Sachen lenken, die wir gerade machen. Es braucht Zeit, Informationen zu verarbeiten, es braucht Zeit, Sachen zu lernen, es braucht Zeit, um Informationen in unser Gehirn zu implementieren. Wenn wir multitasken, glauben wir, wir würden gleichzeitig verschiedene Aufgaben lösen. Das tun wir aber nicht – wir hüpfen lediglich zwischen den einzelnen Aufgaben hin und her. Es gibt unzählige Untersuchungen, die zeigen, dass Multitasking nicht funktioniert. Musikhören und Lernen: geht nicht. Großraumbüro und sich konzentrieren: geht nicht. Diese Büros mit ihren extrem anstrengenden Geräuschkulissen sind nur für langweilige Arbeiten okay.

Warum ignoriert unser Gehirn mehrmals pro Tag das eigene Tun? Die Abläufe beim Gehen zum Beispiel.

Weil der größte Teil unseres Verhaltens durch unbewusste Prozesse kontrolliert wird. Wir können mehr, als wir wissen, das repräsentiert die Dominanz des unbewussten Verhaltens. Wir kontrollieren weder die Bewegungsabläufe beim Gehen noch beim Schwimmen oder Radfahren. Dafür sind wir ignorant, genauso ignorant wie für Verhaltensweisen, die in unserer Verhaltenshierarchie weit oben stehen. Denken Sie etwa an den Deutschen, der in einem Schweizer Restaurant ein Bier bestellt: »Ich krieg ein Bier«, sagt der Deutsche. Mann, ist der unhöflich, denkt der Schweizer. Für den Deutschen aber ist sein Verhalten völlig normal, er hat es so gelernt, so erfahren, denkt darüber gar nicht nach.

Was macht das Internet mit unserem Gehirn?

Vieles. Alles, was ein Mensch im Moment generieren und produzieren kann, finden wir im Internet frei zugänglich, jederzeit, an jedem Ort, in allen Varianten. Das ist gefährlich. Jede Information kann übers Internet multipliziert werden.

Wahrheiten, Lügen, manipulative Informationen. Wir können beeinflusst werden, durch alles und jeden und jeden Quatsch. Diese Beeinflussung nimmt mittlerweile auch Form an, Cambridge Analytica war ja nur die Spitze des Eisberges. Mir macht Sorgen, dass wir wegen der Informationsflut nicht mehr fähig sein werden, die Spreu vom Weizen zu trennen. Mir macht Sorgen, dass die Meinung kanalisiert wird. Mir macht Sorgen, dass der Mensch irgendwann am Tropf des Internets hängt. Natürlich gibt es auch die positiven Aspekte des Internets. Wir schätzen, dass es sieben Milliarden Computerknotenpunkte gibt auf der Welt. Da entsteht ein enormes Wissen. Ein eigenes Gehirn entwickelt sich, das ist großartig. Aber das System entwickelt sich vom Menschen weg. Der Mensch mit seinen Schwächen verliert sich im Internet, er hoppelt vom einen zum anderen. Das führt dazu, dass wir zwei Fähigkeit verlieren, die uns immer sehr gut zu Gesicht gestanden haben: Die Fokussierung und die Selbstdisziplin. Wir sind nicht mehr länger bei der Sache, weder beim Lesen noch beim Musikhören. Die durchschnittliche Hörzeit bei iTunes oder Spotify liegt bei zwei Minuten. Oder Lesen: Thomas Mann ist heute total out, die langen Sätze, die er geschrieben hat, die liest heute niemand mehr. Auch der Filmschnitt ist viel schneller geworden. Wir können uns nicht mehr so gut auf das Wesentliche konzentrieren. Dabei ist unser Gehirn ein Konzentrationsorgan, die Tiefe ist für uns wichtiger als die Breite. Es gibt noch ein weiteres Problem. Wenn wir im Internet mit anderen kommunizieren, fallen Mimik wie Gestik weg. Wir sehen nur noch verstümmelte Nachrichten. Korrekt geschrieben wird in den sozialen Medien kaum mehr etwas, es handelt sich vielmehr um eine fragmentierte Sprache, bei der man sich fragt, was schreiben die eigentlich? Diese verbalen Signale, die da gesendet werden, sind für unser Gehirn schwer verständlich.

Das klingt nach Kulturpessimismus.
Ja ich ertappe mich selbst dabei, dass ich denke: Mensch, du argumentierst wie ein alter Mann. Gelegentlich wird mir auch vorgeworfen, ich sei ein Kulturpessimist Das bin ich nicht, ich arbeite auch mit dem Internet. Was mir Sorgen macht: Im Internet kann jeder alles sagen und er sagt es ungehemmt. Weil im Internet vor allem ein Kommunikationskanal, für den wir evolutionär herangebildet wurden, nicht benutzt wird – das Lesen im Gesicht des Gegenübers. Wir können Menschen angreifen, beleidigen, verletzen und sehen die Reaktion des anderen nicht. Wir beurteilen Menschen, ohne sie zu kennen. Jeder kann seinen Dreck platzieren. Die Gefahr des Internets besteht darin, dass sich die Menschen gegenseitig verletzen. Auf eine Art und Weise, die für den Zusammenhalt von Gesellschaften ungünstig ist. Kinder mobben sich gegenseitig, machen sich aufgrund von Nebensächlichkeiten fertig. Die Internet-Trolls sollten Anlass sein, darüber nachzudenken, wie der Mensch ist. All der Hass, der auf Social Media zum Vorschein kommt, das sind Verhaltensweisen, die wir zu hemmen gelernt haben. Im Netz geht dies vergessen, da äußern sich viele ungehemmt – und sehen nicht, wie der angegriffene Mensch auf die Beleidigungen reagiert. Im normalen Kommunikationsumgang sprechen wir Face to Face, das reguliert die Angriffe. Es gibt noch einen zweiten, unangenehmen Aspekt des Internets. Wenn ich mein unangenehmes Verhalten einfach so ausleben kann und dabei tausend andere finde, die ebenso denken, verstärkt sich mein Verhalten, ich konzentriere mich auf die Leute, die den gleichen Blödsinn erzählen wie ich, Diskurs findet keiner mehr statt. Das ist der große Unterschied zu einer Diskussion, die wir mit einem Vis-à-Vis führen. Ein Diskurs ist ein biologisch relevanter Austausch von Informationen im Rahmen eines sozialen Zusammenseins. Wir schauen einander ins Gesicht, wir debattieren miteinander und vielleicht ändere

ich im Verlauf des Gesprächs mein Verhalten, weil ich sehe, dass das, was ich eben gesagt habe, mein Gegenüber beleidigt, und entschuldige mich. Physischer Kontakt ist essenziell für uns Menschen. Die Kommunikation im Internet hingegen ist katastrophal für uns. Sie verletzt uns, sie macht uns fertig.

Der Computer hat die Handschrift aus unserem Alltag verdrängt. Welche Auswirkungen wird dies fürs Gehirn haben?

Wenn wir von Hand schreiben, können wir uns das Geschriebene besser merken. Diese Fähigkeit wird mit dem Verschwinden der Handschrift deutlich schlechter werden.

Wieso haben Menschen, die Musik machen, mehr von ihrem Gehirn?

Weil sie ihr Gehör trainieren. Das hat Vorteile für die Sprachbildung, sie können sowohl phonetische Aspekte wie auch Wort- und Satzakzente, Intonation, Tempo und Rhythmus einer Sprache besser unterscheiden. Menschen, die musizieren, lernen zudem einfacher Fremdsprachen, weil sie Klänge gut unterscheiden können. Sie sind ein bisschen disziplinierter, kontrollierter und fokussieren auf das Wesentliche. Und der letzte Punkt: Menschen, die Noten lesen lernen, können räumliche Zusammenhänge gut erkennen. Beim Notenlernen sind die gleichen Hirngebiete aktiv wie bei räumlichen Vorstellungen. Deshalb sind Menschen mit einer gewissen Musikexpertise in der Regel auch ganz gut in geometrischen Aufgaben. Und, jetzt kommt der Knaller: Man profitiert als Musizierender nicht nur von all diesen Vorteilen, man hat obendrein noch gelernt, ein Instrument zu spielen!

Das Gehirn will gefordert werden. Weshalb fällt es uns dennoch so schwer, alte Gewohnheiten abzulegen und neue Talente zu entdecken?

Neunzig Prozent dessen, was wir tun, machen wir unbewusst, via Automatismen. Diese Automatismen haben wir mit der Zeit aufgebaut und wir wenden sie an, ohne uns groß darauf konzentrieren zu müssen. Wir machen etwas mit links. Wir lieben Automatismen, weil sie uns keine Mühe kosten. Machen wir hingegen etwas bewusst, ist dies anstrengend, wir brauchen viel Energie, werden schnell müde. Wenn wir etwas Neues unternehmen, müssen wir den Automatismus aufbrechen, das ist nicht nur mühsam, wir wissen auch nicht, ob wir Erfolg haben werden. Wir könnten scheitern, das ist ein unangenehmer Gedanke, er hindert uns, Neues anzustreben. Dabei könnten wir uns mit einem Ziel, das wir anpeilen und dann auch erreichen, die schönste Emotion bescheren, die sich der Mensch selbst schenken kann – Stolz!

Wie entstehen Geistesblitze?

Geistesblitz, eine schöne Metapher, ein Gedanke schießt spontan ins Bewusstsein. Meistens sind Geistesblitze Gedächtnisphänomene, bei denen bestimmte neuronale Netzwerke aktiv sind. Und bestimmte Gedächtnisknoten auf einmal besonders stark aktiv werden und ein Bewusstsein erzeugen, das wir als Geistesblitz wahrnehmen.

Gibt es auch negative Geistesblitze?

Alles, was in unserem Gehirn gespeichert ist, kann uns irgendwann spontan als Bewusstseinsphänomen gewahr werden. Positiv wie negativ. Meistens sind es aber positive Phänomene, die negativen sind sehr gut versteckt. Das ist biologisch sinnvoll: Wenn das Negative für unser Überleben nicht wichtig ist, müssen wir es vergessen können.

Was passiert im Gehirn von Menschen, die sich immer wieder in die falsche Person verlieben?

Die Liebe ist ein Gefühl und als solches schwer zu kontrollieren. Der Magnetismus, der Menschen zusammenbringt, ist ein fester, in uns verdrahteter, biologischer Mechanismus. Was dann daraus entstehen kann, sind Bindung, Vertrauen. Nun gibt es Menschen, welche die Biologie immer wieder zu jemandem bringt, mit dem sie nicht über längere Zeit zusammen sein können. Das ist Biologie – und gelegentlich Pech, mit Vernunft hat es gar nichts zu tun.

Wieso verleiht das Gehirn nicht jeder Information, die es bekommt, eine Bedeutung?

Wegen zweier Mechanismen. Einerseits sind es biologisch vorbereitete Signale, andererseits Signale, die zu interpretieren wir gelernt haben. Biologisch vorbereitete Signale sind etwa Warnzeichen, die uns auf eine mögliche Gefahr aufmerksam machen: Laute Geräusche, Menschen, die sich seltsam benehmen oder sich seltsam bewegen. Auf diese Signale reagieren wir instinktiv, müssen wir reagieren. Die Signale hingegen, die wir interpretieren, sind in der Kultur, in der wir leben, entwickelt worden. Auf diese Reize haben wir gelernt zu reagieren. Der Mensch hat einen riesigen Cortex bekommen, damit können wir die Welt auf unterschiedlichste Weisen interpretieren und Kulturen entwickeln, die sich extrem voneinander unterscheiden. Das kann außer dem Menschen kein anderes Tier. Wenn ein Kind in eine Kultur hineingeboren wird, muss es lernen, sich in dieser einen Kultur zurechtzufinden, es muss die Regeln dieser Kultur mehr als lernen, es muss sie aufsaugen, damit es unbewusst damit umgehen kann. Wir lernen, auf die Aspekte zu fokussieren, die in unserer Kultur relevant sind. Wir sind kulturspezifische Wesen.

Was braucht das Gehirn fürs Überleben?
Ganz viel Zucker. Weil das Gehirn keine Energie speichern kann, muss immer wieder von Neuem Zucker zugeführt werden. Außerdem braucht es Wasser und Sauerstoff und Eiweiß für den Aufbau von Neurotransmittern und Synapsen. Und es will stimuliert werden. Unser Gehirn ist neugierig, es schätzt Anregung in jeder Form. Langeweile hasst es wie die Pest. Nichtstun, keine Reize bekommen ist für das Gehirn schlimm.

Was passiert mit dem Gehirn eines Menschen, der wochenlang in Isolationshaft gehalten wird?
Diesem Menschen und seinem Gehirn geht es schlecht, ganz schlecht. Maximalen Reizentzug halten wir vielleicht vier, fünf Tage aus. Kommt Schlafentzug hinzu, wird es furchtbar. Das Gehirn beginnt zu halluzinieren, es generiert eigene Reize. Isolationshaft kann einen Menschen in den Wahnsinn treiben.

Was im Gehirn ist beim Hirntod tot?
Beim Hirntod ist gar nichts mehr aktiv, Nulllinie, die Nervenzellen feuern nicht mehr. Es gibt kein Aktionspotenzial mehr, es ist keine elektrische Energie mehr vorhanden, keine elektrische Erregung und kein Transmitterfluss. Nach zwei, drei Minuten ist dieser Zustand unwiderruflich. Ist ein hirntoter Mensch an Apparate angeschlossen, kann er zwar atmen, der Hirnstamm, in welchem das Atemzentrum sitzt, funktioniert noch und auch das Herz kann noch schlagen. Aber im Cortex gibt es keine Aktivität mehr.

Kurzbiografie Lutz Jäncke

Lutz Jäncke, geboren 1957 in Wuppertal, studierte in Bochum, Braunschweig und Düsseldorf zunächst Biologie, dann Psychologie und Hirnforschung. An der Heinrich-Heine-Universität erwarb er 1984 das Diplom in Psychologie, promovierte 1989 in Psychologie und Hirnforschung und habilitierte 1995 über das Thema »anatomische und funktionelle Hirnasymmetrien«. Seit 2002 ist er Ordinarius für Neuropsychologie an der Universität Zürich. Lutz Jäncke hat über 400 wissenschaftliche Arbeiten in peer-reviewed Zeitschriften verfasst. Er ist Autor und Herausgeber mehrerer Bücher – etwa *Macht Musik schlau?* (2008), *Ist das Gehirn vernünftig?*(2016). Zu seinen besonderen Interessen gehört, wie das menschliche Gehirn durch Erfahrung geformt wird. Dazu benutzt er oft professionelle Musiker als Modell für die Plastizität des Gehirns. Seine Forschung überbrückt die Kluft zwischen grundlegenden kognitiven Prozessen, realen Anwendungen in den Bereichen Lernen, Rehabilitation und Diagnostik sowie den modernen Neurowissenschaften.
Lutz Jänckes Forschung: www.tinyurl.com/lutzjaencke

03

»Schreckliche Erlebnisse können unser Genom verändern.«

Isabelle Mansuys Spezialgebiet ist die Neuroepigenetik. Die Professorin erforscht, wie Erfahrungen, die wir nicht vergessen, die Aktivität unserer Gene beeinflussen.

Sind bei Geburt alle Menschengehirne gleich?
Nein. Menschen haben unterschiedliche Gen-Sequenzen und auch die epigenetischen Faktoren, welche die Aktivitäten des Genoms, insbesondere der Gene im Genom, regulieren, sind bei jedem anders. Manchmal sind die Unterschiede zwischen den verschiedenen Gehirnen nur minimal, manchmal sind sie auffällig groß.

Sie sprechen mit der Regulierung der Genom-Aktivität die Epigenetik an, was versteht die Wissenschaft darunter?
Epigenetik ist ein Gebiet, das sich mit biochemischen Änderungen befasst, die auf die Erbsubstanz einer Zelle einwirken, konkret auf die DNA oder auf die Proteine, die an der DNA haften. Es handelt sich dabei um Prozesse, die das Erbgut selbst nicht verändern, aber die Aktivität des Genoms so beeinflussen, dass die Gene ein- und ausgeschaltet

werden können. Seit einiger Zeit wissen wir, dass auch Umweltreize, all die Erfahrungen, die wir machen, Emotionen, die uns beschäftigen, Nahrung, die wir zu uns nehmen, die chemischen Prozesse aktivieren und Gene ein- und ausschalten können.

Weshalb werden Gene ein- und ausgeschaltet?

Jeder Zelltyp, den wir Menschen in uns tragen, beinhaltet den gesamten Genpool. Für die Funktion einer bestimmten Zelle, sagen wir mal einer Leberzelle, sind aber nur die Gene aktiv, die für die Leberzelle relevant sind. Und diese Aktivität kann durch die oben beschriebenen biochemischen Prozesse reguliert sein. Es geht nicht nur darum, ob ein Gen ein- oder ausgeschaltet ist, sondern auch darum, wie stark die Aktivität ist.

Hirnforscher konnten zeigen, dass traumatische Erlebnisse über Generationen hinweg vererbt werden und dass dafür epigenetische Faktoren verantwortlich sind.

Ja, schreckliche Erlebnisse, wie eine Hungersnot, beeinflussen die epigenetischen Faktoren. Finden die Veränderungen im Zellkern statt und sind sie sehr stark, wird das Genom so gut wie immer verändert. Und diese Veränderungen können an die Nachkommen weitergegeben werden. Viele der Menschen, die Hunger leiden, bekommen Kinder, die untergewichtig sind. Wachsen diese Kinder heran und bekommen selbst Kinder, ist auch ihr Nachwuchs eher klein, selbst wenn kein Mangel mehr herrscht.

Werden nur Traumata weitergegeben oder auch positive Erlebnisse?

Positive Erfahrungen lassen sich ebenfalls vererben. Versuche mit Mäusen [1], die in einem großen Käfig lebten, genug Nahrung bekamen, ein Rennrad zum Spielen hatten und miteinander interagieren konnten, zeigten, dass diese reiche Umgebung das Verhalten der Mäuse verbesserte. Diese Verbesserung gaben die Tiere an ihren Nachwuchs weiter.

Können viele positive Erfahrungen vererbte Traumata löschen?

Bei den Mäusen geht das, ja. In einem Experiment trennten wir neugeborene Tiere jeden Tag zu unterschiedlichen Zeiten drei Stunden lang von ihren Müttern. In der Folge zeigten sie Verhaltensstörungen: Sie wurden depressiv und legten ein antisoziales Verhalten an den Tag. Diese Symptome konnten sich über fünf Generationen hinweg halten. Dann setzten wir Jungtiere, welche die Auswirkungen von Traumata vererbt bekommen hatten, in ein Mäuseparadies, in einen riesigen Käfig, mit allem, was eine Maus braucht, um ein schönes Leben zu haben. Als diese Tiere erwachsen waren, zeigten sie keine traumatischen Symptome mehr.

Funktioniert das Löschen von Traumata auch bei Menschen?

Vielleicht. Wir wissen, dass zum Beispiel Psychotherapien, Psychoanalysen und Hypnosetherapien psychiatrische Erkrankungen verbessern können. Möglicherweise haben diese Verbesserungen mit epigenetischen Mechanismen zu tun. Das kann untersucht werden. Man könnte Menschen, die früh in ihrem Leben Traumata erlebt haben und nun eine

1 K. Gapp, J. Bohacek, J. Grossmann, A. M. Brunner, F. Manuella, P. Nanni, I. M. Mansuy: »Potential of Environmental Enrichment to Prevent Transgenerational Effects of Paternal Trauma«, *Neuropsychopharmacology* (2016).

Psychotherapie machen, vor und nach der Therapie epigenetisch analysieren.

Können wir bewusst vergessen?

Nein, das geht wahrscheinlich nicht. Wir können das Vergessen trainieren. Etwa indem wir mithilfe einer Psychotherapie versuchen, ein traumatisches Erlebnis abzuschwächen. Komplett löschen können wir es in den meisten Fällen aber nicht.

Manche Menschen vergleichen unser Gehirn mit einem Computer, sie sagen, es funktioniere wie eine Festplatte. Was sagen Sie zu diesem Vergleich?

In einem Computer gibt es niemals so viel Plastizität wie in einem Gehirn. Ein Computer ist fix verdrahtet, ein Gehirn nicht. Sind in einem Gehirn zum Beispiel durch eine Krankheit oder einen Unfall Areale beschädigt, können andere Gehirnregionen die Aufgaben der beschädigten Areale übernehmen. Ist in einem Computer etwas beschädigt, funktioniert er nicht mehr.

Das Human Brain Project, ein Forschungsprojekt der Europäischen Kommission, will die Funktionen des Gehirns mittels Computer simulieren. Wird man auch menschliche Eigenschaften wie Esprit, Humor, Schlagfertigkeit abbilden können?

Ich denke nicht. Man kann nur etwas abbilden oder simulieren, das man versteht. Wir aber wissen noch nicht, wie sich Humor, Esprit, seelische Befindlichkeiten oder auch Emotionen im Gehirn bilden. Die Basis für neuronale Funktionen sind Aktivitäten zwischen zwei Neuronen. Es gibt viele Neuronen im Gehirn, fast hundert Milliarden, entsprechend gibt es unzählige Möglichkeiten, wie Neuronen miteinander agieren. Kein Computer kann all diese

Möglichkeiten exakt reproduzieren. Auch ist noch längst nicht in jedem Fall bekannt, welche Neuronen miteinander in Verbindung treten.

Sind Gehirn und Geist dasselbe?

Der Geist kann ohne das Gehirn nicht existieren. Um über den Geist nachzudenken und darüber zu sprechen, braucht man ein Gehirn, aber dasselbe ist es nicht. Das Gehirn hat mehrere Aspekte, einen anatomischen, einen physischen und auch einen konzeptuellen. Geist ist ein Konzept, ein Aspekt des Gehirns, der aber weit über unser Denkorgan hinausreichen kann.

Was passiert in unserem Gehirn, wenn uns etwas auf der Zunge liegt?

Wir wissen, dass in solchen Momenten der Dateninformationsabruf nicht richtig funktioniert. Das ist ein sehr schneller Prozess. Wenn ich Sie zum Beispiel frage: »Können Sie sich an Ihre Hochzeit erinnern?«, haben Sie innerhalb von einer Sekunde Bilder vor Ihrem inneren Auge, auch wenn das Ereignis selbst einige Jahre zurückliegt. Sie sehen die Zeremonie, die Gäste, den Ort. Wenn uns nun etwas auf der Zunge liegt, etwa ein Wort, dann wissen wir, dass das Wort zwar im Gehirn gespeichert ist, aber wir können es nicht finden. Die Hirnforschung weiß noch nicht, was genau den Dateninformationsabruf blockiert.

Wie wirkt virtuelle Realität auf unser Gehirn?

Es gibt Studien, die zeigen, was mit dem Gehirn von Menschen passiert, die sich vermeintlich im Körper einer anderen Person befinden. Man ließ die Versuchsteilnehmer mittels virtueller Realität glauben, sie spielten Pingpong, und maß dabei mit Magnetresonanztomografie ihre Gehirnaktivität. Es zeigte sich, dass bei den Menschen, die virtuelles Pingpong spielten, beinahe dieselben Gehirnareale aktiv waren, wie bei Menschen, die tatsächlich Pingpong spielten.

Verändert das Internet unser Gehirn?

Ja, bestimmt. Das Internet ist ein Tool, mit dessen Hilfe wir Informationen gewinnen. Und wenn wir etwas Neues erfahren, wird unser Gehirn durch das Entstehen von Neuronen und Synapsen verändert, wie im realen Leben auch. Im Internet einen Text lesen, ein Spiel spielen, ein Video ansehen oder Musik hören kann eine intensive Gehirnaktivität auslösen.

Kurzbiografie Isabelle Mansuy

Isabelle Mansuy, geboren 1965, ist Professorin für Neuroepigenetik an der Universität Zürich (Institut für Hirnforschung) und an der ETH Zürich. Die Spezialgebiete der Französin, die Molekularbiologie studierte, sind die Epigenetik (epi = griech. für oberhalb, Epigenetik = oberhalb/auf der Genetik) und die Epigenetikvererbung. Diese Forschungszweige ermitteln, wie sich äußere Umstände, also etwa die Erfahrungen, die ein Mensch zeit seines Lebens macht, oder auch Umwelteinflüsse auf die geistige und körperliche Gesundheit auswirken können. Mansuys Forschung untersucht, wie sich die molekularen Mechanismen in den Zellen so verändern können, dass Gene mal stärker oder mal schwächer vom Zellkern, der DNA, abgelesen werden. Der Zellkern selber wird dabei nicht verändert.
Isabelle Mansuys Forschung: www.tinyurl.com/isabellemansuy

04

»Noch heute höre ich hie und da Neurochirurgen von nichtfunktionellen Gehirnarealen sprechen.«

Luca Regli, Professor an der Universität Zürich und Neurochirurg, ist überzeugt, dass die Natur unser Gehirn so gemacht hat, dass wir das ganze Organ brauchen.

Haben bei Geburt alle Menschen das gleiche Gehirn?
Das zukünftige Kind hat bereits in den Monaten vor seiner Geburt unterschiedlichste Erlebnisse. Die Erfahrungen, die es dabei macht, verändern sein Gehirn beinahe täglich. Das bedeutet – nicht alle Menschen haben bei Geburt das gleiche Gehirn. Möglicherweise haben alle im Moment der Zeugung das gleiche Potenzial. Aber was wir werden, und was wir dank unserem Gehirn sind, ist ein Vorgang, der sich stets verändert.

Haben die Unterschiede, die sich bereits bei der Geburt zeigen, mit epigenetischen Prozessen zu tun?
Gene sind das, was wir haben, Epigenetik ist das, was wir und auch die Umwelt aus unseren Genen machen. Ja, die Unterschiede haben auch mit Epigenetik zu tun, damit, was wir tagtäglich erleben, was wir empfinden, was wir sehen. Das

Gehirn ist ein Organ, seine Funktionen stoppen nie, auch nicht, wenn wir schlafen. Bereits im Gehirn des Fötus werden viele Synapsen und Netzwerke gebildet. Einige werden später wieder abgebaut, das gehört zur gesunden Entwicklung des Gehirns. Welche Vernetzungen verschwinden werden und welche nicht, hat mit den Erlebnissen zu tun, die ein Mensch vor einem Tag, vor einem Monat oder vor einem Jahr gehabt hat.

Wo im Gehirn sitzt das Unbewusste?

Ich habe es beim Operieren bisher nicht entdeckt. Wir wissen, dass für menschliche Aktivitäten, seien diese bewusst oder unbewusst durchgeführt, verschiedene Netzwerke in verschiedenen Arealen des Gehirns zusammenarbeiten. Lange existierte in der Hirnforschung das Konzept des funktionellen und des nichtfunktionellen Gehirns. Noch heute höre ich hie und da Neurochirurgen von nichtfunktionellen Arealen des Gehirns sprechen und davon, dass man dort operieren könne. Ich bin aber überzeugt, dass es im Gehirn keine nichtfunktionellen Areale gibt, weil die Natur unser Gehirn so bestimmt hat, dass wir das Organ als Ganzes brauchen. Die Unterteilung in funktionelle und nichtfunktionelle Areale hat damit zu tun, dass Verletzungen in bestimmten Gehirnbereichen nicht sofort Folgen haben, wie etwa eine Lähmung. Aber vielleicht zeigen sich im Verhalten des operierten Menschen Veränderungen, zum Beispiel was seine Entscheidungsfreudigkeit betrifft oder ob und wie sehr er sich begeistern kann.

Nehmen wir an, das Gehirn als Ganzes könnte transplantiert werden. Mensch A bekommt das Gehirn von Mensch B. Wird A nun zu B?

Das ist ein extrem interessanter Gedanke. Ich kenne die Antwort nicht und muss deshalb spekulieren. Es gibt viele Beispiele dafür, dass das Gehirn den Körper beeinflusst. Denken wir an Emotionen. In vielen Sprachen ist das Herz Sinnbild für Emotionen »du liegst mir am Herzen«, dabei kann das Herz keine Gefühle empfinden. Sind wir aufgeregt oder frisch verliebt, spüren wir zwar unser Herz schneller klopfen, aber dieses Gefühl wird vom Gehirn gesteuert. Umgekehrt beeinflusst der Körper das Gehirn. Etwa via Verdauung. Je nachdem, was wir gegessen haben, verändert sich unser Gehirn, und auch alle toxischen Substanzen, die wir aufnehmen, bewusst oder versehentlich, beeinflussen unser Gehirn. Wir können die Frage noch weitertreiben und überlegen, was passieren würde, wenn wir ein Frauengehirn in den Kopf eines Mannes implantierten. Was wäre stärker, die männlichen Hormone, die das nunmehr weibliche Gehirn beeinflussen, oder die Steuerung der bisher männlichen Hormone durch das weibliche Gehirn? Ich denke, das Gehirn würde alles daransetzen, den Körper zu dominieren, ihn so zu nutzen, dass er ihm entspricht. Allerdings wäre das weibliche Gehirn nicht mehr dasselbe wie vor der Implantation in den Männerkörper. Es bekäme vom neuen, männlichen Körper andere Informationen zugespielt als vom alten, weiblichen. Die Erfahrung, in einem anderen, ungewohnten Körper zu stecken, würde unser Gehirn dermaßen herausfordern, dass wahrscheinlich ein neues Organ entstünde, ein Gehirn, das sich an die veränderten Gegebenheiten anpasst. Ähnliches passiert bei Amputationen. Muss einem Menschen nach einem Unfall ein Arm amputiert werden, ist der Körper nicht mehr derselbe wie zuvor, er hat sich verändert. Das Gehirn integriert diese Veränderung, das Areal, das bisher für den amputierten Arm zuständig war, wird sich neu organisieren.

Die Reduktionisten unter den Hirnforschern sagen, unser Geist sei nichts anderes als das Produkt eines Informationsaustausches unter Neuronen. Haben sie recht?
Alles beginnt irgendwann mit einem Atom. Und klar kann man sagen, alles ist Physik, ist Biochemie oder sind Molekü-

le. Doch ich glaube, das Leben ist mehr als Biochemie, mehr als ein Informationsaustausch unter Nervenzellen. Würde man es rein reduktionistisch betrachten, müssten wir alle gleich sein. Aber wir wissen, dass dies nicht der Fall ist – weil die Erlebnisse, die wir machen, uns beeinflussen. Nach unserem Gespräch wird mein Leben anders sein als vorher.

Sind Gehirn und Geist dasselbe?
Nein. Aber ohne Gehirn gibt es keinen Geist. Der Unterschied ist schwierig zu erklären, es verhält sich wie mit der Kultur: Ist Kultur das Gehirn? Wäre dies der Fall, wäre es nicht ein Gehirn, sondern Tausende von Gehirnen, die unsere heutige Kultur gebildet hätten; ein Zusammenspiel von vielen Elementen. So spielen auch Geist und Gehirn zusammen, wobei ich davon ausgehe, dass der Geist dem Gehirn übergeordnet ist.

Er ist also ein Konzept?
Das ist interessant. Obwohl, ein Konzept wäre reduktionistisch. Der Geist aber ist mehr, er ist eine Lebensenergie.

Wenn mehrere Menschen an einem Tisch sitzen, vernetzen sich dann ihre Gehirne zu einem großen, neuronalen Netzwerk?
Wahrscheinlich schon, mithilfe der Spiegelneuronen. Mit diesen reagieren wir auf unsere Mitmenschen, nehmen wahr, wie sie sich fühlen. Ohne Spiegelneuronen könnten wir nicht zusammenleben.

Sie sind wichtig für Empathie. Sehen wir jemanden, der an Schmerzen leidet, aktivieren unsere Spiegelneuronen Muskelfasern in unserem Gesicht, damit wir nachempfinden können, wie ihm zumute ist. Nun sollen Menschen, die

ihr Gesicht botoxen lassen[1], diese feine Muskelaktivität nicht mehr spüren und demzufolge nicht mehr oder schlechter fühlen, wie es ihrem Gegenüber geht.
Ich frage mich oft, wann eine psychologische Untersuchung zeigt, welche Folgen Botox hat. Seit Jahrtausenden analysiert das Gehirn das Gesicht unseres Gegenübers. Es liest im Gesicht von anderen Menschen, entdeckt darin die unterschiedlichsten Gefühlsregungen. Botox verändert dies komplett. Ich bin überzeugt, dass ein Botox-Gesicht die Spiegelneuronen des Gehirns nicht im selben Maß aktivieren kann wie ein unbehandeltes Gesicht. Damit wird die Empathie abgeschwächt, eine unserer schönsten Empfindungen, viel stärker als Sympathie oder Antipathie.

Was bedeutet dies für unsere Gesellschaft? Wird sie kälter?
Ich bin ein fundamentaler Humanist und deshalb überzeugt, dass wir neue Wege finden werden. Das Gehirn muss sich anpassen, natürlich. Wir werden etwas entwickeln müssen, das uns hilft, trotz Botox-Gesichtern Empathie zu empfinden. Das Beste wäre, mit Botox aufzuhören. Doch da irgendwann mal entschieden worden ist, dass ein Gesicht lange glatt zu bleiben hat, wird dies kaum der Fall sein. Sollte unser Gesichtsausdruck wegen Botox dauerhaft verändert bleiben, werden wir uns in Zukunft vielleicht auf die Stimme unseres Gegenübers konzentrieren, auf all die verschiedenen Melodien.

Spiegelneuronen sind auch im Buch *Neurowissenschaften und Chirurgie* erwähnt. Der Autor Ernst Gemsenjäger, emeritierter Professor und ehemaliger Chefarzt der

1 D.T. Neal, T.L. Chartrand: »Embodied Emotion Perception: Amplifying and Dampening Facial Feedback Modulates Emotion Perception Accuracy«. *Social Psychological and Personality Science* (2011), 2(6), S. 673–678.

Chirurgischen Klinik des Zürcher Spitals Zollikerberg, schreibt, die chirurgische Fertigkeit habe nicht nur mit dem Selberoperieren zu tun, sondern auch damit, wie oft ein Chirurg einem Kollegen beim Operieren zusehen könne und so via Spiegelneuronen, die bereits beim Beobachten aktiv sind, jedes Mal von Neuem dazulerne.

Das ist das Konzept von Meister und Schüler, ein sehr gutes Konzept, denn damit wird Wissen weitergegeben. Ich zeige dir, wie etwas geht, und du schaust mir dabei zu. Irgendwann wird der Schüler den Meister überflügeln. Lernen ist eine wichtige Kombination aus Zuschauen und Selbermachen.

Sie sagten zu Beginn unseres Gesprächs, dass der Körper unter anderem via Verdauung das Gehirn beeinflusse. Tatsächlich hat unser Körper ein zweites Gehirn, das Darmgehirn. Arbeiten die beiden Gehirne zusammen oder stehen sie manchmal in Konkurrenz?

Es gibt keinen Grund für Konkurrenz. Im Gegenteil, der Darm ist für das Gehirn extrem wichtig. Er erkennt zum einen toxische Stoffe, zum anderen liefert er dem Gehirn via Stoffwechsel Energie. Und davon braucht es wahnsinnig viel, bis zu einem Viertel unseres täglichen Energiebedarfs. Und dies, obwohl das Gewicht des Gehirns nur ungefähr zwei Prozent unseres Körpergewichts ausmacht. Auch Emotionen können wir via Darm verspüren. Manche Menschen leiden an Durchfall, wenn sie nervös sind. Es gibt zwischen Darm und Gehirn also einen engen Zusammenhang. Um auf die reduktionistische Sicht mancher Hirnforscher zurückzukommen, über die wir sprachen: Hätten sie recht mit ihrer Sichtweise, dass unser Leben nur Biochemie ist, wäre auch der Darm ein Gehirn. Denn in ihm gibt es ebenfalls Neuronen. Nur machen ein paar Neuronen noch kein Gehirn. Oder anders formuliert: Das Gehirn ist nicht ein sozial gut gelungener Darm, es ist weit mehr als das.

Zwischen dem Zentralnervensystem und dem Blutkreislauf gibt es eine organische Barriere, die Blut-Hirn-Schranke. Was macht sie genau?

Unser Gehirn arbeitet rund um die Uhr, es braucht viel Energie und hat deshalb einen äußerst aktiven Stoffwechsel. Doch weil es auch extrem heikel ist, muss das Milieu, welches die Nervenzellen brauchen, um funktionieren zu können, streng geregelt sein. Die Blut-Hirn-Schranke schützt dieses Milieu. Verschiedene Zellen regeln aktiv, welche Stoffe die Schranke passieren und welche nicht. Sie achten darauf, dass via Blutbahn keine schädlichen Stoffe in das Gehirn gelangen, sie sorgen dafür, dass im Gehirn immer die gleiche Temperatur herrscht, das gleiche chemische und elektrische Potenzial vorhanden bleibt. Dank der Blut-Hirn-Schranke kann das Gehirn toxische Abbauprodukte rausfiltern und von bestimmten Medikamenten komplett isoliert werden.

Woher weiß das Gehirn, wie lang die Kühlerhaube meines Autos ist, selbst dann, wenn ich nicht die ganze Länge überblicke? Wie kann der Chirurg, der minimalinvasiv operiert, die Instrumente so exakt führen, als läge die zu behandelnde Körperstelle offen vor ihm? Was im Gehirn sorgt dafür, dass wir quasi die Kühlerhaube sind, das Besteck des Chirurgen?

Müssten wir diese Aufgaben mit einem abgedeckten Auge ausführen, wäre das Resultat längst nicht in jedem Fall zufriedenstellend. Die Tiefenempfindung, die wir beim Sehen mit beiden Augen haben, macht, dass wir wissen, wie lang die Kühlerhaube ist und wie die Instrumente bei einer minimalinvasiven Operation geführt werden müssen. Das ist das eine. Das andere: Das Gehirn baut Erfahrungen auf, je häufiger wir etwas tun, desto besser werden wir darin. Würde ich einäugig Auto fahren, würde ich mit großer Wahrscheinlichkeit eine Beule in die Karosserie machen. Doch Menschen, die mit nur einem sehenden Auge geboren werden, kennen nichts anderes und können deshalb auch mit nur einem Auge Auto fahren. Säße ich mehrere Monate lang einäugig am Steuer, gewöhnte sich mein Gehirn so daran, dass es wieder eine Art dreidimensionales Sehen entwickeln würde und ich auch einäugig sicher unterwegs wäre. All diese Beispiele zeigen, was Training und Wiederholungen in unserem Gehirn bewirken. Wollen wir etwas wirklich gut machen, müssen wir auf diese eine Tätigkeit fokussieren. Ein bisschen von allem machen ist zwar abwechslungsreich, aber wir werden es in keinem Metier zur Meisterschaft bringen.

Sieht man dem Gehirn das Alter an?

Auf Bildern von Magnetresonanztomografen, Computertomografen oder während Operationen lässt sich erkennen, wie alt ein Gehirn ungefähr ist. Würde ich einen Patienten operieren, dessen Alter mir nicht bekannt ist, könnte ich unterscheiden, ob der Mensch fünfjährig, 20-jährig, 40-jährig oder 80-jährig ist. Das Volumen des Gehirns und die Art, wie sich die Falten präsentieren, diese Merkmale sind nicht in jedem Alter gleich. Das Gehirn hat die Tendenz, mit fortschreitendem Alter an Volumen zu verlieren. Wollen wir ihm ein Leben lang Gutes tun, sollten wir alle zehn Jahre etwas komplett Neues lernen. Beginnen, ein Instrument zu spielen, eine Fremdsprache lernen oder eine neue Sportart. Herausforderungen wirken dem vorzeitigen Altern des Gehirns entgegen, sie verbessern seine Funktionen während des Älterwerdens.

Was, außer Lernen, hilft dem Gehirn beim guten Altern?

Alles vermeiden, was ihm schadet: Rauchen, zu hoher Blutdruck, zu hoher Blutzucker, zu viel Cholesterol, Übergewicht.

Kann jeder Mensch ein Nobelpreisträger werden?
Vielleicht kann nicht jeder ein Nobelpreisträger werden, also ein Forscher, der eine bahnbrechende Erfindung oder Entdeckung macht. Aber ich bin überzeugt, dass jeder Mensch in etwas Bestimmtem sehr gut ist. Es ist natürlich ein Privileg, eine Aufgabe wählen zu können, in der man es möglicherweise zur Meisterschaft bringen kann. Nicht alle Menschen können das tun, worin sie gut sind. Diejenigen aber, welche die Chance haben, es zu tun, sollten ihren Neigungen und Talenten nachleben. Wir alle sollten die Menschen in unserer näheren Umgebung darin unterstützen.

Manfred Spitzer, deutscher Neurowissenschaftler und Psychiater, behauptet in seinem Buch *Digitale Demenz*, die neuen Medien würden die Menschheit um den Verstand bringen.
Die digitale Welt macht, dass wir einen anderen Umgang mit Informationen und Wissen haben. Wir wissen mehr von vielem, aber weniger von Bestimmtem. Möglicherweise leidet wegen der neuen Medien unsere Fähigkeit, Zusammenhänge zu erkennen, vielleicht können wir sie auch nicht mehr in der Tiefe studieren. Wir können uns gegen die technologische Entwicklung nicht wehren, wir werden lernen, sie zu nutzen, um besser zu werden. Dafür aber müssen wir unser Gehirn gebrauchen, das Denken dürfen wir nicht der Technologie überlassen. Ich glaube an das Gehirn. Es ist nicht wie das Herz eine Pumpe, es ist ein Organ, das sich an neue Situationen anpasst und stetig lernt.

Wir schreiben heute kaum mehr von Hand. Wie wird sich das auf das Gehirn auswirken?
Bestimmt wird sich das Netzwerk in meinem Gehirn, das für die Handschrift zuständig ist, verändern, noch wissen wir aber nicht, wie. All die Menschen, die im Zehnfingersystem

Texte tippen, entwickeln Netzwerke, die ein Mensch, der nur von Hand schreibt, nicht hat. In der Chirurgie wird immer häufiger via Endoskop operiert oder assistiert von Computern. Chirurgen sehen auf dem Bildschirm, was ihre Hände machen, im Gehirn bildet sich ein Netzwerk für die Koordination Hand-Auge-Bildschirm aus. Das ist das Schöne am Gehirn: Es ist nicht ein für alle Mal festgelegt, es passt sich an unser Leben, an unsere Technologien an. Ein banales Beispiel: Kaum jemand kennt heute noch Telefonnummern auswendig – weil es nicht mehr nötig ist, die Nummern sind in unseren Smartphones gespeichert. Heute müssen wir wissen, wie man Smartphones bedient, auch das ist eine Fertigkeit.

Kurzbiografie Luca Regli

Luca Regli, geboren 1962, studierte an der Universität Lausanne Medizin. Nach Studienabschluss absolvierte er ein Fellowship an der Mayo Clinic in Rochester, USA, wo er sich auf die mikrochirurgische Behandlung von hochkomplexen Erkrankungen des Gehirns spezialisierte. Er operiert etwa Hirntumore oder Missbildungen von Hirngefäßen, beispielsweise Aneurysmen. 1995 erlangte er den Facharzt FMH für Neurochirurgie und arbeitete danach als Leitender Arzt am Universitätsspital Lausanne. Von 2008 bis 2012 leitete er als Professor für Neurochirurgie am University Medical Center in Utrecht die größte neurologische Klinik in den Niederlanden. Seit 2012 ist Luca Regli Professor an der Universität Zürich und Direktor der Klinik für Neurochirurgie am Universitätsspital Zürich.
Luca Reglis Forschung: www.researchgate.net/profile/Luca_Regli

05

»Denken und Speichern sind im Gehirn nicht getrennte Vorgänge.«

Boris Nikolai Konrad, Neurowissenschaftler und mehrfacher Weltmeister im Gedächtnissport, weiß, was im Gehirn passiert, wenn uns etwas auf der Zunge liegt, und wie es zu falschen Erinnerungen kommt.

Was ist das Gedächtnis?

Zum einen ein Ort, wo Wissen abgespeichert ist. Zum anderen die Fähigkeit des Gehirns, Informationen, welcher Art auch immer, ins Bewusstsein zu holen. Die erste Definition, das Gedächtnis als Ort, ist für den Hirnforscher spannend.

Weshalb?

Wenn es einen Ort fürs Gedächtnis gäbe, wo im Gehirn wäre er zu finden?

Wo stellen Sie sich ihn vor?

Diese Frage ist nicht einfach zu beantworten. Es gibt nicht *den* Ort für das Gedächtnis. Und es gibt auch nicht *das* Gedächtnis, sondern unterschiedliche Gedächtnissysteme. Weil wir uns etwa Bewegungsabläufe anders einprägen als Erlebnisse oder das Lernen einer Fremdsprache.

Sind die Gedächtnissysteme über das ganze Gehirn verteilt?

Denken und Speichern sind im Gehirn nicht getrennte Vorgänge. Jedes Neuron arbeitet so, dass es via Synapsen mit anderen in Kontakt steht. Dabei entstehen neue Verbindungen oder bereits bestehende werden gestärkt – oder gehen verloren, weil sie nicht mehr gebraucht werden. Die Veränderungen dieser Verbindungen nennen wir Lernen oder Gedächtnis. Weil jedes Neuron so funktioniert, dass es Verbindungen zu anderen Neuronen sucht, ist jedes Neuron im Gehirn am Lernen beteiligt. Es gibt natürlich Gehirnareale, die für das Gedächtnis eine wichtigere Rolle spielen als andere. Das bedeutet aber nicht, dass am Ende dort auch Information abgespeichert ist.

Wie ist das Gedächtnis strukturiert?

Auf der obersten Ebene unterscheiden wir zwischen explizitem und implizitem Gedächtnis. Zum expliziten Gedächtnis gehören all die Dinge, von denen wir bewusst wissen, dass wir sie gelernt haben, und die wir auch entsprechend wiedergeben können. Zum impliziten Gedächtnis gehören Dinge, die wir gelernt haben und die wichtig sind, ohne dass uns dies bewusst ist, Bewegungsabläufe zum Beispiel. Ich weiß, dass ich irgendwann mal gelernt habe, wie Gehen funktioniert, aber wenn ich gehe, rufe ich mir den Ablauf nicht bewusst ins Gedächtnis. Das explizite Gedächtnis wiederum wird unterteilt in episodisches und semantisches Gedächtnis. Zu Letzterem gehört das Quizshow-Wissen: Fragt man einen Menschen, wie die Hauptstadt von Frankreich heißt, taucht das Wort Paris im Gehirn auf. Wäre der Mensch nicht gefragt worden, hätte er wohl kaum an Paris gedacht. Es braucht also einen gewissen Reiz, der ins Gedächtnis gelangt und die Information liefert. Im episodischen Gedächtnis sind Abläufe und Episoden gespeichert. Erlebnisse, Gefühle, Erinnerungen an Personen. Wenn ich mich an unser Gespräch erinnere, weiß ich, dass ich den Laptop aufgeklappt habe, dass ich erschrocken bin, weil die Meldung kam, ich müsse Skype aktualisieren, und dass ich erleichtert war, als ich dies innerhalb von einer Minute erledigen konnte. Weiter werde ich wissen, dass wir uns unterhalten haben, ich merke mir hoffentlich Ihren Namen. Vielleicht sehe ich Sie später mal wieder, kann mich an Ihren Namen erinnern, bringe ihn aber möglicherweise nicht mehr mit dem Gespräch in Verbindung. Das würde bedeuten, dass Ihr Name vom episodischen Gedächtnis ins semantische Gedächtnis gewandert ist. Die beiden Systeme können in Verbindung stehen, werden aber als Struktur von Gedächtnisforschern klar getrennt.

Früher sprach man vom Kurzzeitgedächtnis, heute vom Arbeitsgedächtnis. Was ist der Unterschied?

Das Kurzzeitgedächtnis wird von vielen Hirnforschern nicht als eigenständige Struktur gesehen, sondern als erste Stufe zum Langzeitgedächtnis. Ganz anders das Arbeitsgedächtnis. Hier landen die Informationen, die wir von unseren Sinnen bekommen, und erhalten unsere Aufmerksamkeit. Ins Arbeitsgedächtnis gelangen aber auch Informationen aus dem Langzeitgedächtnis, gespeichertes Wissen zum Beispiel oder Erinnerungen. Dieser Vorgang bewirkt, dass langfristige Erinnerungen nicht stabil sind. Hole ich eine Erinnerung aus dem Langzeitgedächtnis ins Arbeitsgedächtnis, wo sie mit neuen Eindrücken in Verbindung kommt, ändert sie sich. Im Arbeitsgedächtnis können wir ungefähr sieben Sachen zwischenspeichern, allerdings nur einige Minuten lang.

Wie funktioniert das Gedächtnis genau?

Wir wissen, dass einzelne Neuronen lernen, indem sie mehrere Hundert Mal pro Sekunde zeitgleich aktiviert werden, das ändert ihre Verbindung. Wir wissen, dass der Hippocampus sehr wichtig ist, um Informationen zu bilden. Via Hippocampus verschaffen wir uns eine Übersicht, was im Tagesverlauf alles ins Gehirn reingekommen ist, um es dann aufzuarbeiten, zu filtern und einen Teil davon wieder auszusortieren. Unser Gedächtnis funktioniert zu einem großen Teil mittels Klassifizierung und Schematisierung. Das heißt, es versucht immer abzugleichen. Habe ich ein Erlebnis, das mit den Schemata, die ich bereits habe, kongruent ist, werden die entsprechenden Informationen relativ schnell verarbeitet, allerdings gehen dabei viele Details verloren.

Haben Sie dafür ein Beispiel?

Wenn ich heute einkaufen gehe, so wie ich das immer mache, werde ich mich in Kürze nur daran erinnern, dass ich einkaufen war, aber ich werde nicht mehr wissen, was. Wäre aber in der Schlange vor der Kasse jemand ohnmächtig umgefallen, bliebe dieser Vorfall in der Erinnerung haften, weil er im Schema Einkaufen einen Bruch markiert. Wahrscheinlich könnte ich mich sogar in naher Zukunft daran erinnern, welche Lebensmittel ich in den Einkaufswagen gelegt habe, zumindest besser als an anderen Tagen, an denen ich einkaufen war.

Sie sind mehrfacher Gedächtnisweltmeister: Wie lässt sich das Gedächtnis trainieren?

Es gibt vieles, das wir uns nur schwer einprägen können, weil es einen rein semantischen Inhalt hat: Namen, Telefonnummern, Passwörter, fremdsprachige Vokabeln. Wenn ich diese Dinge aber umwandle in Erlebnisse, Bilder, Geschichten, Orte, nutze ich ein Gedächtnissystem, das bereits vorhanden ist. Gedächtnistraining setzt darauf, Techniken zu erlernen. Etwa die Mnemotechnik, *mnéme* ist griechisch und heißt Gedächtnis. Mit dieser Technik wandle ich Inhalte in Bilder um, so werden sie greifbarer. Konkret bedeutet dies: Wenn ich mir beim Gedächtnistraining eine Zahl mit 300 Stellen in 5 Minuten merke, habe ich in meinem Gehirn am Ende gar keine Zahlen abgespeichert, weil ich die Zahlen in Bilder umwandle. Die Katze, die ich eben über Ihren Laptop habe laufen sehen, steht für die Zahl 701, der Laptop für 589. 701 589 heißt dann also: Die Katze läuft über den Laptop. Wenn ich mich nun an dieses Bild erinnere, kann ich es wieder in die Zahl zurück übersetzen.

Wie macht das Gehirn aus Informationen, die von der Umwelt kommen, bleibende Erinnerungen, gespeichert im Langzeitgedächtnis?

Die Informationen, die ins Arbeitsgedächtnis gelangen, werden dort gesichtet, sortiert und ins Langzeitgedächtnis transportiert. Gefestigt sind sie aber noch nicht, sie müssen erst konsolidiert werden. Das geschieht nachts, wenn wir schlafen. Was im Schlaf ebenfalls passiert: Was wir tagsüber beim Lernen erlebt haben – das Feuern von Neuronen in einer bestimmten Reihenfolge –, wird nochmals gespielt und gleichzeitig die Erinnerung im Langzeitgedächtnis aufgebaut, um die Information dort zu verankern.

Wenn wir dafür vor allem das Arbeitsgedächtnis brauchen und das Langzeitgedächtnis, wozu dient das Kurzzeitgedächtnis?

Wenn die Information reinkommt, kann das Gehirn noch nicht beurteilen, ob sie langfristig sinnvoll ist, sie muss also erst mal eine gewisse Zeit gehalten werden. Sehe ich einen neuen Menschen zum ersten Mal, weiß ich noch nicht, ob der zufällig vorbeiläuft oder ob es ein neuer Kollege ist. Die

Information »neuer Mensch« wird im Kurzzeitgedächtnis parat gehalten. Stellt sich heraus, dass sich dieser Vorfall nicht wiederholt, wird die Information aussortiert. Wenn mich derselbe Mensch aber fünfmal kreuzt, will mein Gehirn merken können: Moment, dieser Eindruck wiederholt sich, vielleicht ist dieser Mensch wichtig. Dafür brauchen wir das Kurzzeitgedächtnis. Es kann aber nicht alles behalten, das macht auch keinen Sinn, weil ich mich dann nicht nur an bestimmte Menschen erinnern würde, sondern an jeden, den ich mal gesehen habe. Ungefähr im Tagesrhythmus wird das Kurzzeitgedächtnis aufgeräumt.

Wie holt das Gehirn die Informationen, die im Langzeitgedächtnis gespeichert sind, ins Bewusstsein?

Wir haben die Idee, dass es im Hippocampus eine Art Register gibt, in welchem aufgeführt ist, welche Information wo zu finden ist. Doch das kann nicht der alleinige Ort sein. Wir wissen, dass Menschen, deren Hippocampus etwa durch eine Krankheit geschädigt wurde, die Fähigkeit verlieren, neue Langzeitinformationen aufzubauen, aber trotzdem noch auf die Informationen zugreifen können, die sie vor der Erkrankung gespeichert haben. Wir gehen deshalb davon aus, dass es auch im Frontalhirn Schemata gibt, die wie ein Register funktionieren. Sehen wir zum Beispiel eine Katze, helfen uns diese Register sehr schnell zu erkennen, dass es sich bei der Gestalt um eine Katze handelt. Im Endeffekt geht es immer darum, dass wir via Aktivierungsketten Informationen aus Registern abrufen. Doch mit dem Kernspintomografen kommen wir nicht an diese Gedächtnisorte hin, und weil wir Gedächtnisleistungen auch nicht in der Petrischale studieren können, wissen wir darüber noch nicht sehr viel.

Weshalb reichen unsere Erinnerungen nur ungefähr bis zu unserem vierten Lebensjahr zurück?

Das Gehirn ist kurz nach der Geburt in einem Zustand, in dem es sich noch stark entwickelt. In den ersten drei Lebensjahren nimmt etwa die Zahl der Nervenzellen stark zu, ein dreijähriges Kind hat mehr Neuronen als ein Erwachsener. Das Gehirn des Kleinkindes muss lernen, den Körper zu steuern – krabbeln, gehen, essen, trinken. Aus reflexhaften Handlungen werden bewusste Handlungen. Das ist offenbar evolutionär wichtiger, als Erinnerungen zu speichern. Nach dem dritten Lebensjahr dann findet die große Umstrukturierung statt, unter anderem bilden sich die Gedächtnissysteme, die für unser Wissen wichtig sind. Sagt jemand, er könne sich an Ereignisse im ersten Lebensjahr erinnern, ist dies wissenschaftlich kaum plausibel. Wahrscheinlich hat dieser Mensch eine bestimmte Erinnerung immer wieder erzählt bekommen.

Einerseits können wir uns nicht an unsere ersten Lebensjahre erinnern, andererseits aber sind Traumata, die in den ersten Lebensjahren geschehen, im Gehirn gespeichert. Wieso das?

Vorfälle, die im Alltag besonders hervorstechen, freudige wie traumatische, werden viel stärker verarbeitet als andere Informationen. Die Erinnerung ist möglicherweise nicht so abgespeichert wie bei Erwachsenen, sie kann aber, im Fall eines schrecklichen oder traurigen Ereignisses, trotzdem Ängste hervorrufen. Ein Trauma kann etwa entstehen, wenn ein Elternteil die Familie verlässt oder wenn das Kleinkind beinahe an einem Lebensmittel erstickt wäre. Möglicherweise hat es dann eine lebenslange Phobie gegen dieses Lebensmittel.

Was passiert im Gehirn, wenn uns etwas auf der Zunge liegt?
Es gibt zwei konkurrierende wissenschaftliche Thesen. Diejenige, die für mich am plausibelsten ist und der wohl auch die Mehrheit der Wissenschaftler folgt, sagt, dass jedes Neuron viele ausgehende Verbindungen hat, und wenn nun ein paar dieser Verbindungen just in dem Moment stark aktiv sind, in dem wir versuchen, über eines dieser Neurone eine Information zu finden, findet es immer nur die stark aktivierten Ausgänge. Es bräuchte aber eine der anderen Verbindungen. Je mehr ich über das Wort nachdenke, das mir auf der Zunge liegt, desto länger bleiben die bestehenden Verbindungen aktiviert und desto kleiner wird die Wahrscheinlichkeit, einen Ausweg zu finden. Was dann hilft – etwas anderes denken. Dann werden die Neurotransmitter, welche helfen, Information von einer Zelle zur nächsten zu transportieren, wieder abgebaut und alle Ausgänge haben wieder die gleiche Chance, Informationen weiterzureichen.

Und weshalb will uns manchmal der Name einer Bekannten partout nicht einfallen?
Das Gesichtsgedächtnis ist nur auf eine gewisse Region im Gehirn begrenzt, auf die Fusiforme Face Area. Benutzt man keine Gedächtnistechnik, sind in diesem Areal nicht viele Verbindungen vorhanden und wir tun uns schwer, den richtigen Namen zu finden. Ich kann versuchen, über das Alphabet ans Ziel zu kommen: A wie Anja, Anita, Angelika, B wie Brigitte, Beatrice, Bärbel. Vielleicht fällt mir so das dazugehörige Gesicht ein und ich habe den Namen gefunden.

Manche Menschen wissen auch ohne Gedächtnistechnik auf Anhieb, wie ihr Gegenüber heißt. Wie schaffen sie das?
Wahrscheinlich, weil sie routiniert sind. Wer andere problemlos mit Namen begrüßen kann, fand wohl bereits im

Kindesalter Gesichter und Namen interessant. Während andere denken, Namen merken zu können sei nicht so wichtig, eignen sich die Interessierten viel Vorwissen an. Je mehr Namen wir kennen, desto einfacher fällt es uns, sie zu behalten. Wenn ich Menschen darin trainiere, sich Namen zu merken, ist der erste Schritt simpel, zeigt aber bereits einen großen Effekt: Geh erst mal davon aus, dass es klappt. Hör hin und sprich den Namen der Person, die du eben kennengelernt hast, selber aus.

Das allein wird wohl kaum für ein besseres Namensgedächtnis reichen. Was können wir sonst noch tun?
Eine Bildergeschichte ausdenken. Wenn ich mich jemandem neu vorstelle, »hallo, ich heiße Boris«, versucht die Person am besten, mich vor ihrem inneren Auge in Aktion zu sehen. Sie kann sich zum Beispiel vorstellen, dass ich einen Tennisschläger bei mir habe und ein Boris-Becker-Fan-T-Shirt trage – und prägt sich so meinen Vornamen ein. Vorgestellte Bilder sind für unser Gehirn genauso stark wie reale Bilder.

Was passiert im Gehirn von Querdenkern?
Dazu ist mir keine konkrete Forschung bekannt. Querdenkern wird zugeschrieben, dass sie Ideen und Gedanken, die in ihrem Gedächtnis gespeichert sind, in Verbindung bringen können. Das kann man trainieren. Man schlägt die Zeitung auf, liest einen Text, der mit den eigenen Interessen nicht viel zu tun hat, und versucht dann, Brücken zu schlagen zu den eigenen Interessen. So können Ko-Aktivierungen und neue Ideen entstehen. Querdenker sind möglicherweise geübter darin, Dinge, die nicht miteinander verbunden sind, im Arbeitsgedächtnis zusammenzubringen und neue Ideen entstehen zu lassen.

Wie kommt es zu falschen Erinnerungen? Zum Beispiel in Augenzeugenberichten.

Wir wollen von einer Geschichte ein vollständiges Bild haben, kennen aber nicht alle Details, weil bei jeder Erzählung ein Teil davon verloren geht. Was auch sinnvoll ist, weil unser Gehirn sonst überladen wäre. Wenn ich mich nun an etwas zu erinnern versuche und merke, in der Erzählung fehlt etwas, wird die Lücke mit Details aufgefüllt. Klingt ein Detail plausibel, wird es gespeichert – auch dann, wenn es nie so stattgefunden hat. Das ist an sich eine Stärke des Gehirns: Es merkt sich so viel wie nötig, und was fehlt, ergänzt es mit plausiblen Details. Aber diese Stärke ist anfällig für Fehler. Nehmen wir an, Sie waren Zeugin eines Unfalls mit Fahrerflucht. Sie waren aufgeregt, die Sicht war nicht ganz klar, aber Sie haben das Auto gesehen. Werden Sie nun nach der Farbe des Autos gefragt und Sie sagen Rot, stimmt dies wahrscheinlich tatsächlich. Wenn nun aber zwei Leute danebensitzen, die sagen, »Nee, nee, das war braun«, und man Sie am folgenden Tag nochmals zur Farbe des Unfallwagens befragt, sind Sie ebenfalls sicher, dass er braun war. Sie haben die Information der beiden anderen in Ihre Erinnerung eingebaut. Die US-amerikanische Psychologin Elizabeth Loftus[1] machte zahlreiche Experimente zum menschlichen Gedächtnis und zeigte, dass falsche Erinnerungen ins Gedächtnis eingepflanzt werden können. Deshalb sind Augenzeugenberichte auch so anfällig. Dieselbe Anfälligkeit zeigt sich auch in Berichten von Opfern. Durch die Art, wie sie befragt werden, kann großer Schaden entstehen. Etwa bei Missbrauch. Wenn einem erwachsenen Menschen bewusst wird, dass er als Kind missbraucht wurde, und wenn bekannt

1 E.F. Loftus: »Leading questions and the eyewitness report«, *Cognitive Psychology* (1975).
C. Laney, E.F. Loftus: »Traumatic memories are not necessarily accurate memories«, *Can J Psychiatry* (2005).

ist, dass der Täter damals auch mit anderen Kindern zu tun hatte, werden diese anderen Menschen immer und immer wieder gefragt: »Ist da nicht etwas, das Sie vielleicht nicht mehr wissen? Wenn Sie noch mal darüber nachdenken, hat er Sie nicht doch irgendwo berührt, wo Sie nicht berührt werden wollten?« Der Befragte beginnt nachzudenken und ersinnt eine Geschichte, die passt und die er dann auch glaubt. Dann hat man einen erwachsenen Menschen traumatisiert, mit einem vermeintlich verdrängten Erlebnis, das aber nie passiert ist. Elizabeth Loftus wies in ihrer Forschung darauf hin, dass unser Gehirn die Dinge gerne kongruent hat. Wenn wir uns nun an etwas nicht mehr erinnern und dafür plausible Teile geliefert bekommen, baut unser Gehirn diese Teile mit ein.

Ist das Gedächtnis ein unbegrenzter Speicher?

Viele stellen sich vor, das Gedächtnis sei begrenzt, wie eine Speicherplatte. Tatsächlich aber ist es unbegrenzt, auch weil unser Gehirn viele Details wieder loslässt. Je mehr wir wissen, desto leichter lernen wir dazu. Ich muss mir nie Gedanken darüber machen, ob ich zu viel lerne, ob das, was ich gerade lerne, in meinem Gedächtnis noch Platz hat. Die Anzahl der neuronalen Verbindungen ist so groß, dass mein Gehirn auch bei viel Gedächtnistraining und ganz vielen Erlebnissen nicht an Grenzen stösst. Es organisiert sich ständig neu und sorgt dafür, dass genug Aufnahmekapazität vorhanden ist.

Weshalb ist uns im Alter die weit zurückliegende Vergangenheit viel präsenter als das, was gestern oder vorgestern passiert ist?

Je älter ein Mensch ist, desto mehr herausstechende Ereignisse hat er über die Jahre erlebt. Und die werden lebhafter erinnert als der Alltag. Ältere Menschen haben mehrere Reisen gemacht, mussten wahrscheinlich bereits Angehörige und Freunde beerdigen. Jedes neue berührende Ereignis wird dann weniger intensiv erlebt als das erste Ereignis derselben Art.

Was sind Gedächtnisschemata?

Strukturen, um Dinge und Konzepte wiederzuerkennen und einordnen zu können. Eine Ente erwarte ich zum Beispiel in einem Teich oder in einem Zoo. Die Schemata sitzen im präfrontalen Gehirn, wir können sehr schnell darauf zugreifen.

Wie sinnvoll sind Gedächtnistechniken, wo man doch alles Wissen überall und jederzeit abrufen kann?

Sehr sinnvoll. Gerade weil man weiß, dass die Erwartung, dass Informationen jederzeit abgerufen werden können, unser Gehirn träge macht. Es verarbeitet weniger Wissen, generiert weniger Ideen. Je mehr wir bereits wissen, umso einfacher lernen wir dazu, weil das neuronale Netzwerk bereits sehr eng geknüpft ist. Sie können es auch umgekehrt betrachten, je weniger ich behalte, desto weniger werde ich dazulernen. Wenn ich mich mit einer Fragestellung beschäftige, die Fakten aber nur abrufe und nicht behalte, kann ich hinterher neue relevante Details, über die nachzudenken sich lohnen würde und die für die Problemlösung vielleicht wichtig wären, nicht so einfach in das bestehende Wissen einbinden, weil das bestehende Wissensnetz gering ist. Gedächtnistechniken führen nicht dazu, dass Wissen anders abgespeichert wird, aber sie lassen eine Struktur entstehen, die es mir erlaubt, das Wissen einfacher wiederzufinden.

Was macht das Internet mit unserem Gedächtnis?

Das Internet selbst macht nichts mit unserem Gehirn, es kommt darauf an, wie wir es nutzen.

Wenn ich im Netz etwas nachschlage, ohne darüber nachzudenken, wird sich mein Gehirn weniger gut konzentrieren können. Ich kann es aber auch stärken, mit Plattformen für Gedächtnistraining. Danach kann ich das Wissen, das ich raussuche, viel schneller mit meinem bereits bestehenden Wissen vernetzen. Dank Internet finde ich heute hochintelligente, wissenschaftliche Kommentare, die ich in mein Wissensnetz einfließen lassen will, viel schneller als früher.

Wie entstehen Geistesblitze?

Unser Gehirn ist nicht nur aktiv, wenn wir etwas abrufen, es ist die ganze Zeit mit sich selbst beschäftigt. Es gibt Aktivierungsmuster, die sich wiederholen, wenn wir ruhen. Ab und zu wird in diesem Zustand spontan eine Information aktiviert. Verbindet sich die mit einer anderen, die gerade im Arbeitsgedächtnis ist, kann daraus eine geniale Idee werden. Plötzlich ist eine Verbindung entstanden, die vorher nicht da war. Das ist eine der Stärken unseres Gehirns, künstliche Intelligenz kann das nicht.

Was braucht das Gehirn, um kreativ zu sein?

Freiraum, mal woanders hindenken zu können. Genug Flüssigkeit, damit das Blut gut fließt, Zucker und Sauerstoff. Beim Arbeiten und Lernen den Raum lüften, Wasser trinken, ein bisschen bewegen – das bewirkt bereits viel.

Wie lässt sich das Gehirn optimieren?

Das ist schwierig. Es gibt Pharmaka und verschiedene Zusatzstoffe. Doch die sind alle nicht so toll, wie man denkt. Am Donders Institute in Nimwegen, wo ich arbeite, entwickelten wir Aufgaben für Gedächtnistraining. Die setzten wir dann an der Berliner Charité in Hirndopingstudien ein. Wir wollten wissen, wie sich zwei Medikamente und Koffein auf die Gedächtnisleistung auswirken.[2] Wir fanden kleine Effekte, aber nur bei Menschen, deren Gedächtnisleistung vorher schwach war. Die Substanzen halfen ihnen, die Konzentration zu steigern. Menschen, die sich normal gut oder sogar überdurchschnittlich gut konzentrieren können, haben weder von Pharmaka noch von Koffein einen zusätzlichen Nutzen. Im Normalfall optimiert sich das Gehirn selbst. Mit gesundem Essen, Bewegung und genug Flüssigkeit mehr rauszuholen gelingt kaum.

Wir können unser Gehirn also nicht schlau essen?

Nein, aber dumm essen können wir es sehr wohl. Mit Junkfood und schlechten Fetten. Beides tut dem Gehirn nicht gut. Am besten isst man so, wie Ernährungsberater es empfehlen. Vegetarier und Veganer müssen wissen, wie sie Stoffe, die im Fleisch und anderen tierischen Produkten enthalten sind, ersetzen können.

Macht Hirnjogging, das Lösen von Rätseln und Knobeleien, intelligenter?

Vor zehn Jahren behauptete eine große Studie genau dies und erregte viel Aufmerksamkeit. Es folgten darauf aufbauende Forschungen mit unterschiedlichen Ergebnissen. Es gibt viele Wissenschaftler, die sagen, Hirnjogging bringt nichts, andere sind der Meinung, es sei zu oft etwas gefunden worden, als dass man es einfach so vom Tisch wischen könne. Sicher ist, Hirnjogging bringt nur etwas, wenn das Gehirn herausgefordert wird. Wenn ich Rätsel löse, die alle ähnlich sind, hat das nur am Anfang einen kleinen Effekt.

2 M. Dresler, A. Sandberg, C. Bublitz, K. Ohla, C. Trenado, A. Mroczko-Wasowicz, D. Repantis: »Hacking the brain: dimensions of cognitive enhancement«, *ACS Chemical Neuroscience* (2018), 10(3), 1137–1148.

Kurzbiografie Boris Nikolai Konrad

Dr. Boris Nikolai Konrad, geboren 1984 in Bochum, ist Neurowissenschaftler, Physiker und Gedächtnisexperte. Mehrmals gewann er mit seinem Team Weltmeisterschaften im Gedächtnissport und hält drei Weltrekorde im Namen- und Wörtermerken. Zu Gedächtnistechniken, Gedächtnistraining und den Geheimnissen unseres Gehirns hat er drei Bücher geschrieben: *Das perfekte Namensgedächtnis* (2011), *Superhirn – Gedächtnistraining mit einem Weltmeister* (2013), *Alles nur in meinem Kopf* (2016). Seit 2014 forscht er am Donders Institute for Brain, Cognition and Behaviour in Nimwegen, Niederlande, zu den neuronalen Grundlagen außergewöhnlicher Gedächtnisleistungen.

Boris Nikolai Konrads Forschung: www.researchgate.net/profile/Boris_Konrad

06

»Substanzen, die schnell im Gehirn ankommen, machen schnell abhängig.«

Die Neurowissenschaftlerin Katrin Preller und der Pharmakologe Jean-Marc Fritschy sagen, wie Drogen auf unser Gehirn wirken und wie Sucht entsteht.

Was macht Heroin mit unserem Gehirn?

Katrin Preller: Das Heroin dockt an die Opioid-Rezeptoren an. Die sind dafür zuständig, dass wir etwa bei Verletzungen weniger Schmerzen empfinden. Rezeptoren befinden sich auf sämtlichen Neuronen, sie werden für den Informationsaustausch zwischen Nervenzellen gebraucht. Vereinfacht gesagt, startet in einem Neuron ein Aktionspotenzial, das zu einem nächsten Neuron transportiert wird. Zwischen den beiden gibt es eine winzig kleine Lücke, den synaptischen Spalt. Wenn das Aktionspotenzial am Ende des ersten Neurons angekommen ist, fließen Neurotransmitter, also Botenstoffe, die dem Aktionspotenzial über den Spalt hinweghelfen, dann an die Rezeptoren des empfangenden Neurons andocken und diese entweder stimulieren oder blockieren. Ist das Heroin nun bei den Opioid-Rezeptoren angekommen, sind wir wohlig entspannt, haben keine Schmerzen mehr und die negativen Gefühle, die uns eben noch bedrückten, sind wie weggeblasen. Weil Heroin meistens gespritzt oder geraucht wird, kommt es in Nullkommanichts im Gehirn an und wirkt deshalb sehr schnell. Auch Morphin, das in der Medizin häufig gebraucht wird, um Schmerzen zu lindern, wirkt in Kürze. Das hat allerdings einen gewichtigen Nachteil: Was schnell im Gehirn ankommt, macht auch schnell abhängig. Das ist derzeit in den USA ein großes Problem, wo eine Opioid-Epidemie grassiert, weil Ärzte ihren Patienten starke, opioidhaltige Schmerzmittel gaben, die viele der Kranken abhängig machten.

Jean-Marc Fritschy: Das Konzept der Rezeptoren lässt sich mit folgendem Beispiel gut verstehen: Schluckt man ein Medikament, einen Milligramm Wirkstoff oder manchmal sogar noch weniger, verteilt sich dies zwar im ganzen Körper, hat aber nur eine extrem spezfische Wirkung. Das lässt sich damit erklären, dass das Medikament gezielt an bestimmte Rezeptoren bindet und dort die Wirkung auslöst, für die es gemacht worden ist.

Was bedeutet das nun für den Konsum von Heroin?

Fritschy: Gehen wir in der Geschichte zurück, sehen wir, dass Heroin und Morphin chemisch sehr eng miteinander verwandt sind. Entsprechend haben beide eine ähnliche, sehr starke Wirkung. Weil Morphin in sehr niedrigen Dosierungen Schmerzen effektiv lindert, überlegte in den Siebzigerjahren in Baltimore Professor Solomon Snyder, dass diese niedrige Dosierung nur deshalb wirken kann, weil es im Gehirn einen Rezeptor geben muss, an den das Morphin bindet. Seine Überlegung wurde in Wissenschaftskreisen mit Skepsis aufgenommen, man sagte, Morphin als pflanzliche Substanz habe im Gehirn nichts zu suchen, also könne es nicht sein, dass die Natur das Gehirn mit einem Morphin-Rezeptor ausstatte. Doch Snyder machte sich auf die Suche nach dem Rezeptor und nach körpereigenen Substanzen im Gehirn, die ihn nutzen – und entdeckte den Opioidrezeptor und die Endorphine. Endorphine sind Eiweiße, die, wie Heroin und Morphin, die Opioid-Rezeptoren im Gehirn sehr gezielt aktivieren. Damit lösen sowohl Endorphine wie Heroin und Morphin eine biochemische Reaktion aus und verändern die Funktion der Gehirnzellen, die von den Rezeptoren betroffen sind. So entsteht die beruhigende, schmerzlindernde und euphorisierende Wirkung von Heroin. Doch weil es sehr schnell abhängig macht und die Psyche verändert, ist es nicht als Medikament zugelassen. Beim Morphin, das chemisch eine Vorstufe von Heroin ist, sind diese Risiken geringer.

Vor Jahren las ich in einem Artikel über Schmerztherapien, dass Morphin, konsumiert als Schmerzmedikament, nicht abhängig machen soll. Weil das Gehirn das Morphin mit den Schmerzen verbinde. Seien diese weg, verlange der Körper nicht länger nach dem Opiat. Stimmt das?
Preller: Wir sollten bei allen Substanzen beachten, in welchem Kontext sie eingenommen werden. Verabreichen Ärzte Morphin, um Schmerzen zu lindern, wird das Gehirn das Morphin nicht zwangsläufig mit belohnenden Effekten, wie dem Feierabendbier oder der Party im Club, assoziieren. Das Schmerzmedikament Morphin hat einen sehr spezifischen Effekt, das merkt unser Gehirn schon. Das Problem beginnt eher dann, wenn die verschriebenen Opioide mit nach Hause genommen und nach Bedarf eingesetzt werden. Etwa wenn die Patienten das Medikament vor einer herausfordernden Sitzung nehmen oder weil die Kinder anstrengend sind.

Auch Heroin war einst ein Medikament.

Preller: Ja, Ende des 19. Jahrhunderts war es unter anderem ein Hustenmittel, es wurde als nicht abhängig machende Alternative zu anderen Hustenmedikamenten, etwa Morphium, verschrieben. Die Leute schluckten es – das Medikament gelangte nur langsam in die Blutbahn – und wurden deshalb nicht unweigerlich abhängig, ein bisschen euphorisch vielleicht. Doch bald war klar, dass man den Teufel mit dem Beelzebub ausgetrieben hatte. Denn viele wollten, dass die Wirkung schneller einsetzt, sie begannen Heroin zu schnupfen oder zu spritzen und kamen nicht mehr davon los. Beim Heroin-Konsum ist nicht nur die Substanz das Problem. Hinzu kommen Überdosierungen, die das Atemzentrum lähmen, verunreinigte Spritzen und natürlich gestrecktes, verunreinigtes Heroin. In Zürich gab man nach der Räumung der beiden offenen Drogenszenen Platzspitz und Letten den Süchtigen das Heroin kontrolliert ab. Das machte die Leute nicht zwangsläufig gesund, aber sie konnten wieder verhältnismäßig gut funktionieren. Reines Heroin, in einer exakten Dosierung abgegeben, macht Konsumenten nicht von heute auf morgen kaputt.

Angenommen, ich nähme jeden Tag reines Heroin, könnte ich so arbeiten wie jetzt? Texte schreiben, Interviews machen?

Preller: Langfristig würde sich Ihr Gehirn verändern, Sie würden wahrscheinlich abhängig werden. Aber Sie gäben kein desaströses Bild ab. Direkt nach dem Spritzen hätten Sie einen Heroin-Flash, Sie wären total entspannt, würden sich warm und wohlig fühlen, hätten alle Sorgen vergessen, wären aber überhaupt nicht effizient. So richtig arbeiten könnten Sie erst wieder, wenn die Wirkung nachlässt. Doch spätestens am nächsten Tag bräuchten Sie wieder eine Dosis. Und jetzt beginnt das Problem: Was ist, wenn Sie kein Heroin bekommen? Sie wären nicht arbeitsfähig. Die Frage ist auch, ob Sie sich das Heroin langfristig leisten könnten oder ob Sie kriminellen Aktivitäten nachgehen müssten, um Geld zu beschaffen.

Wie wirken bewusstseinserweiternde Drogen wie LSD auf unser Gehirn?

Preller: Ich gebrauche den Begriff bewusstseinserweiternd nur zögerlich, weil ich nicht genau weiß, was bewusstseinserweiternd sein soll, das ist kein medizinischer Begriff. Ich würde zum Beispiel eine längere Reise in ein Land, das mir komplett fremd ist, als bewusstseinserweiternd bezeichnen. Was wir definitiv sagen können: LSD wie auch Psilocybin sind bewusstseinsverändernd. Beide Substanzen lassen uns temporär in eine andere Welt eintauchen. Viele Leute, die sie probiert haben, empfinden den Zustand, den sie erleben, als bereichernd. Bei LSD und Psilocybin kommen wieder die Rezeptoren ins Spiel. Normalerweise werden die Substanzen geschluckt, das dauert dann ungefähr dreißig Minuten bis eine Stunde, bis sie im Gehirn ankommen. LSD und Psilocybin wirken sehr ähnlich wie Serotonin, ein Botenstoff, den wir im Gehirn haben, aber sie stimulieren vor allem einen der sieben Unterrezeptoren des Serotoninsystems, den Serotonin-2-a-Rezeptor. An diesem entfalten sie ihre Hauptwirkung, sie lösen psychedelische Effekte aus. Die visuelle Wahrnehmung ist verändert und auch die Selbstwahrnehmung. Man hat häufig ein Gefühl der Körperlosigkeit, fühlt sich eins mit der Welt, hat oft starke, meist positive Emotionen. Weil wir wissen wollten, was im ganzen Gehirn passiert, nicht nur auf Rezeptorebene, untersuchten wir Leute, nachdem sie ein Halluzinogen eingenommen hatten. Wir stellten fest, dass der Thalamus, die Hirnregion, die rausfiltert, was in der Welt gerade wichtig ist, und das an den Cortex weiterleitet, um unser Bewusstsein zu schärfen, nicht wie gewohnt funktioniert. Er liefert mehr Informationen an den Cortex und dort angekommen werden sie anders verarbeitet. Wir sahen, dass vor allem die sensorischen Areale sehr stark miteinander interagieren, während die Areale, die dafür zuständig sind, die integrierte Information zu einem schönen Gesamtbild zusammenzufügen, nicht mehr gut zusammenarbeiten. Möglicherweise ist das der Grund dafür, dass wir unter LSD oder Psilocybin überzeugt sind, dass sich Bilder, die an den Wänden hängen, bewegen.

Fritschy: Halluzinogene wie LSD erweitern das Bewusstsein nicht, sie verändern es. Das Gehirn erlebt unter LSD Halluzinationen und gleichzeitig eine verzerrte Wahrnehmung; manche Menschen glauben zum Beispiel, sie könnten fliegen. Im Normalfall filtert das Gehirn unsere Wahrnehmungen extrem gut. LSD schaltet diese Filterfunktion aus und erlaubt dem Gehirn, wildeste Gedanken so wahrzunehmen, als wären sie Realität. Im Alltag überlegen wir nicht, ob wir fliegen können, wir wissen, dass es nicht funktioniert. Manchmal ist diese Filterfunktion des Gehirns krankheitshalber zerstört, etwa wegen eines Hirnschlags. Dann kann es ein, dass Sie glauben, Sie seien ein Fisch, wenn Sie ein blaues Hemd tragen. Unser Gehirn kann spielen, aber es hat sehr effektive Kontrollmechanismen, die diese Spielereien unterdrücken. LSD beeinflusst diese Mechanismen, es schwächt sie ab.

Zurzeit erlebt LSD in der Psychiatrie ein Revival.
Fritschy: Bei Menschen mit Angststörungen und Menschen, die traumatische Erfahrungen gemacht haben, versucht man mit LSD, die Filterfunktion des Gehirns abzuschwächen, damit sie wieder Zugang haben zu positiven Gedanken. Die Gedächtnisfunktion unseres Gehirns ist so angelegt, dass wir uns eher an positive denn an negative Erfahrungen erinnern.

Bei Menschen, die ein Trauma erlitten haben, ist es genau umgekehrt: Sie werden die negativen Erinnerungen nicht mehr los.

Frau Preller, Sie sprachen von starken positiven Emotionen unter LSD, was ist mit den Horrortrips?

Preller: Es ist bei den Halluzinogenen schwierig vorherzusagen, welche Effekte auftreten. Werden die Informationen aus der Umgebung, aber auch aus mir selbst heraus, nicht mehr so gut gefiltert, hat das einen großen Einfluss darauf, wie ich die Welt wahrnehme. Wenn ich bereits sehr viel Angst habe, bevor ich LSD oder Psilocybin schlucke, oder wenn ich an einem Ort bin, wo Chaos herrscht, ich mich nicht wohlfühle oder die Leute nicht mag, werden diese Gefühle unter Halluzinogenen verstärkt. Dann kann es passieren, dass die Leute starke Angst entwickeln. Das beschreiben sie dann als Horrortrip. Wenn wir die Substanzen hier in der Klinik abgeben und erforschen, schaffen wir eine angenehme Atmosphäre, achten darauf, dass zwischen den Studienteilnehmern und den Leuten, die sie betreuen, Vertrauen herrscht. So gibt es nur ganz selten bis gar nie starke Angsterscheinungen.

Stimmen die Geschichten von Menschen, die von einem Horrortrip nicht mehr runtergekommen sein sollen?

Preller: Das haben wir in unseren Studien nie gesehen. Aber Menschen, die zu psychotischen Störungen neigen, erfahren unter Substanzen wie LSD oder Psilocybin möglicherweise eine Verstärkung der psychotischen Symptome oder die Halluzinogene können eine psychotische Episode triggern. Wir schließen bei unseren Studien deshalb alle aus, die Anzeichen von psychotischen Störungen zeigen, und auch Leute, die in der erstgradigen Verwandtschaft Menschen haben mit Schizophrenie oder einer psychotischen Störung.

Sie machen Studien[1] mit LSD und Psilocybin. Mit welchen Ergebnissen?

Preller: Seit rund zwanzig Jahren geben wir gesunden Studienteilnehmern in der Klinik LSD und Psilocybin ab, um zu erfahren, wie der Serotonin-2-a-Rezeptor auf das Halluzinogen reagiert. Wir wollen die auftretenden Effekte beobachten und erklären, und wir wollen wissen, ob wir mit den Substanzen psychiatrische Krankheiten behandeln können. 2019 gingen wir einen Schritt weiter, wir untersuchen nun, wie wirksam mit Psilocybin Depressionen behandelt werden können, die Studie läuft derzeit noch. Und wir planen eine weitere Studie, in welcher wir mit Psilocybin Alkoholabhängigkeit therapieren wollen. Zu Halluzinogenen als Medikament für Suchtkranke gibt es einen relativ breiten historischen Hintergrund: In den Fünfzigerjahren wurde LSD für die Behandlung von Alkoholabhängigkeit eingesetzt. Sogar die Gründer der Anonymous Alcoholics dachten darüber nach, LSD in ihr Therapiekonzept einzubauen, verwarfen die Idee dann aber wieder. Mittlerweile zeigen neue, kleine Stu-

1 K.H. Preller, P. Duerler, J.B. Burt, J.L. Ji, B. Adkinson, P. Stämpfli, E. Seifritz, G. Repovs, J.H. Krystal, J.D. Murray, A. Anticevic, F.X. Vollenweider: »Psilocybin induces time-dependent changes in global function connectivity«, *Bio. Psychiatry in press* (2020).

K.H. Preller, A. Razi, P. Zeidman, P. Stämpfli, K.J. Friston, F.X. Vollenweider: »Effective connectivity changes in LSD-induced altered states of consciousness in humans«, *Proc Natl Acad Sci USA,* (2019), 116(7): 2743–2748.

K.H. Preller, J.B. Burt, J.L. Ji, C. Schleife, B. Adkinson, P. Stämpfli, G. Repovs, J.H. Krystal, J.D. Murray, E. Seifritz, F.X. Vollenweider, A. Anticevic: »Changes in resting-state global brain connectivity in LSD-induced altered states of consciousness are attributable to the 5-HT2A receptor«, *eLife*, (2018), 25;7. pii: e35082.

K.H. Preller, L. Schilbach, T. Pokorny, J. Flemming, E. Seifritz, F.X. Vollenweider: »Role of the 5-HT2A Receptor in Self- and Other-Initiated Social Interaction in Lysergic Acid Diethylamide-Induced States: A Pharmacological fMRI Study«, *J Neurosci*, (2018), 38: 3603–3611.

K.H. Preller, M. Herdener, T. Pokorny, A. Planzer, R. Kraehenmann, P. Stämpfli, M. Liechti, E. Seifritz, F.X. Vollenweider: »The fabric of meaning and subjective effects in LSD-induced states depend on serotonin 2A receptor activation«, *Current Biol*, (2017), 27: 451–457.

dien, dass LSD wie Psilocybin ein gewisses Potenzial haben, um damit Alkoholkranke zu therapieren.

Gibt es zur laufenden Psilocybin-Studie erste Resultate?

Preller: Die Studien, die bis heute publiziert wurden, zeigen, dass depressive Patienten anscheinend sehr stark profitiert haben. Allerdings wussten sowohl Betreuer wie auch Patienten, das Psilocybin verabreicht wurde. Unsere neuste Studie ist als weltweit erste doppelblind und placebokontrolliert. Wir haben das Gefühl, dass es unseren Patienten sehr gut geht, allerdings wissen dieses Mal weder wir noch die Patienten, wer Psilocybin bekommt und wer ein Placebo. Erst wenn die Studie beendet ist, werden wir sagen können, wie gut Psilocybin den Patienten geholfen hat.

Was passiert im Gehirn, wenn wir Nikotin und Koffein konsumieren?

Preller: Nikotin dockt an nikotinerge Acetyl-Rezeptoren an. Die sind ein bisschen seltsam, sie wirken nämlich zweifach. Raucher sind nach einer Zigarette entspannt, aber auch besser konzentriert. Wer hingegen zum ersten Mal raucht, ist vom Nikotin völlig überstimuliert, wahrscheinlich wird ihm schlecht. So dramatisch ist es beim Koffein nicht, hier kommen die Adenosin-Rezeptoren ins Spiel, sie wirken auf unser Gabasystem. Wir haben zwei große Neurotransmittersysteme, das Glutamatsystem, das die Aktivität ankurbelt, und das Gabasystem, das die Aktivität drosselt. Normalerweise sind die beiden dank Mithilfe von anderen Neurotransmittern, die das Ganze ein Stück weit modulieren, im Gleichgewicht. Koffein bringt die Balance nun ein wenig durcheinander, indem es die Adenosin-Rezeptoren blockiert, die das Gaba kontrollieren. Weil weniger Gaba aktiv ist, fühlen wir uns wacher.

Fritschy: Koffein macht wach und ein bisschen nervös, man muss die richtige Balance finden. Im Gehirn entsteht nach regelmäßigem Koffeingenuss eine gewisse Gewöhnung, aber es macht nicht süchtig. Manche Leute trinken ihr Leben lang zwei Tassen Kaffee pro Tag, andere drei, einige sechs, die Menge bleibt über die ganze Zeit stabil, sie muss nicht nach einer Weile gesteigert werden. Fehlt der gewohnte Morgenkaffee mal, fühlt man sich vielleicht ein bisschen unwohl, aber nicht so, dass man nicht mehr funktionieren könnte. Nikotin steigert die Aufmerksamkeit; wäre es nicht so extrem suchterregend, könnte man Leuten, die tagsüber klagen, sie seien müde, sagen: »Rauch eine Zigarette, das macht dich wieder wach.« Aber das tun wir natürlich nicht. Einerseits wegen der stark negativen Konsequenzen des Rauchens auf die Gesundheit, andererseits eben wegen des hohen Suchtpotenzials von Nikotin; es ist vergleichbar mit dem von Heroin, wenn nicht sogar größer. Das erklärt, weshalb es für viele Raucher so schwierig ist, mit dem Rauchen aufzuhören, obwohl ihnen bewusst ist, dass es schädlich ist.

Sie sind süchtig. Was ist in ihrem Gehirn passiert?

Preller: Alle abhängig machenden Substanzen steuern entweder direkt den Glücksbotenstoff Dopamin an oder sorgen über Umwege dafür, dass dieser Neurotransmitter ausgeschüttet wird. So vereinnahmen sie unser Belohnungssystem und verändern unsere Motivation und unser Denken. Allein der Gedanke an die nächste Zigarette, die nächste Linie Koks oder den nächsten Schuss Heroin macht uns happy. Allerdings weiß die Medizin bis heute nicht, warum manche Menschen abhängig machende Substanzen konsumieren und ohne Weiteres wieder damit aufhören können, während andere mit der gleichen Dosis süchtig werden. Es gibt mehrere mögliche Faktoren für die Entstehung von Sucht. Einer ist die Art und Weise, wie konsumiert wird. Substanzen, die geraucht oder gespritzt werden, gelangen sehr schnell ins Gehirn und machen deshalb schneller abhängig. Ein zweiter Faktor ist die Motivation, mit der Substanzen konsumiert werden: Zum Abschalten, um die Leistung zu steigern, Defizite zu kompensieren? Wer so konsumiert, ist viel suchtgefährdeter als jemand, der eine Substanz nimmt, um zu genießen. Und schließlich ist der Mensch selbst ein weiterer Faktor. Manche haben eine genetische Veranlagung, schnell süchtig zu werden.

Fritschy: Wie stark Gefühle beim Konsumieren einer Substanz mitspielen, zeigt sich etwa beim Alkohol gut. Am Abend, in guter Gesellschaft ein Glas Wein genießen, wird als sehr angenehm empfunden. Morgens um fünf Uhr, beim Aufwachen, würde der gleiche Wein wesentlich weniger gut schmecken beziehungsweise man käme gar nicht auf die Idee, davon zu trinken. Das Belohnungssystem vermittelt uns positive Gefühle, wenn wir Dinge tun, die für uns gut sind. Wir lernen: Das ist angenehm, das wollen wir wieder erleben; es lässt uns aber auch spüren, wenn uns etwas schadet, und sorgt so dafür, dass wir diese Erfahrung kaum wiederholen. Beides ist für das Überleben in der Natur essenziell wichtig. Wie effektiv das Belohnungssystem funktioniert, erleben wir insbesondere, wenn eine erwartete Belohnung nicht eintrifft. Würden Sie mir sagen: »Herr Fritschy, Sie bekommen nach dem Interview 1000 Franken«, aber Sie gäben mir das Geld dann nicht, wäre ich ziemlich wütend. Bei der Drogensucht hat die Substanz unser Belohnungssystem erobert und vielfach verstärkt. Manchmal reicht es, eine Droge nur einmal konsumiert zu haben, um diese Erfahrung unbedingt wieder machen zu wollen.

Ist die Suchtinformation unwiderruflich gespeichert?

Preller: Unwiderruflich ist ein großes Wort. Wir wissen, dass das Suchtgedächtnis sehr stark ist und lange anhält, auch wenn wir die abhängig machende Substanz nicht mehr nehmen. Aber je länger die Abstinenz dauert, desto stärker lassen die Assoziationen nach. Früher therapierte man Suchtkranke, indem man absolute Abstinenz verlangte. In moderneren Therapieversuchen sagt man: Möglicherweise ist moderater Konsum das bessere Ziel, als komplett auf die Droge oder den Alkohol zu verzichten. Viele Suchtkranke kommen mit totaler Abstinenz nicht zurecht, werden rückfällig und daraufhin depressiv, immer wieder, in einer Endlosschlaufe. Ihren Konsum zu reduzieren wäre für manche wohl das realistischere Ziel.

Fritschy: Die Veränderungen, die durch die Sucht im Gehirn entstanden sind und nun die Abhängigkeit aufrechterhalten, sind extrem stabil und in mehreren Gedächtnissystemen gespeichert. Dass man sie komplett löschen kann, ist wahrscheinlich nicht möglich. Auch wenn viele der Erfahrungen, die wir unter dem Einfluss von Substanzen gemacht haben, uns nicht bewusst sind, sind sie dennoch da, genauso wie die Erinnerung an unsere schönsten Ferien.

Welche Wirkungen hat Kokain auf das Gehirn?
Preller: Kokain setzt Dopamin und den Wachmacher Noradrenalin frei. Auch diese Substanz gelangt übers Schnupfen sehr schnell ins Gehirn und macht deshalb schnell abhängig. Unter Kokain fühlt man sich innerhalb kürzester Zeit sehr, sehr leistungsfähig und sehr, sehr selbstbewusst, tendiert aber oft dazu, sich zu überschätzen. In den Branchen, in denen Kokain zum Berufsleben gehören soll, gibt es wahrscheinlich genug Push, um kurzzeitig supereffizient zu sein und superselbstbewusst, um sich in der Sitzung gut verkaufen und gut verteidigen zu können. Partygänger lieben Kokain wegen des schnellen Glücksgefühls. Das hält aber nicht lang an. Das starke Hoch dauert ungefähr zwanzig bis dreißig Minuten.

Nach zwei, drei Stunden ist alles vorbei, deshalb schnupfen viele, die bis in die Morgenstunden feiern, mehr als eine Linie pro Nacht.

Menschen, die mit Kokain-Konsumenten zusammenleben oder mit ihnen arbeiten, beklagen manchmal, dass Letztere kaum empathisch sind. Was ist da dran?

Preller: Wir machten Studien mit Kokain-Konsumenten und sahen, dass sie tatsächlich weniger empathisch sind als Vergleichspersonen. Normalerweise ist soziale Interaktion für den Menschen so wichtig, dass sie sehr stark auf unser Belohnungssystem wirkt. Bei Leuten, die regelmäßig Kokain nehmen, scheint die Substanz den Belohnungsaspekt ein Stück weit zu übernehmen, die Droge erscheint wertvoller als das Zusammensein mit anderen Menschen. Vor allem Angehörige von Kokain-Konsumenten sagen oft: Ich komme gar nicht mehr an mein Kind oder an meinen Partner ran. Die Leute sind nicht bösartig, aber ihr Belohnungssystem hat sich so verändert, dass sie kaum mehr auf soziale Reize reagieren können.

Welche Veränderungen bewirken Partydrogen wie Ketamin und MDMA, also Ecstasy, im Gehirn?

Preller: Ketamin wirkt auf einen Rezeptor des Glutamatsystems und beschert den Konsumenten ähnliche Erfahrungen wie unter Halluzinogenen: Ihre Körpergrenzen verschwimmen, sie spüren den Körper anders, haben aber viel weniger visuelle Erfahrungen als unter LSD und Psilocybin. MDMA hingegen sorgt dafür, dass mehr Serotonin, Noradrenalin und Dopamin ausgeschüttet werden. Man fühlt sich wacher, energetischer, hat weniger Hunger, ist sozialer, sehr offen, kann lange, tief greifende Gespräche führen. Man fühlt sich von der Welt geliebt und liebt die Welt. Das ist ein therapeutisch interessanter Effekt. In den USA wird untersucht, ob man MDMA zur Behandlung von posttraumatischen Belastungsstörungen einsetzen kann. Möglicherweise kann die Substanz Betroffenen helfen, sich zu öffnen und über die belastenden Erfahrungen zu sprechen.

Macht MDMA nicht abhängig?

Preller: Verglichen mit LSD und Psilocybin hat MDMA ein etwas höheres Abhängigkeitspotenzial. Aber auch hier gilt wieder: Es kommt auf die Umstände an. Verabreiche ich MDMA in einer Therapiesitzung, ist dies etwas anderes, als wenn Leute MDMA auf einer Party einnehmen oder in einem Club. Menschen, die MDMA während einer Therapie bekommen, werden die Substanz kaum zur Partydroge machen wollen. Kommt hinzu, dass LSD, Psilocybin und MDMA, all diese serotonergen Substanzen, eine extrem schnelle Gewöhnung bewirken. Nähme ich heute LSD und morgen dieselbe Dosis noch mal, würde ich praktisch keine Effekte mehr spüren. Erst nach einer oder zwei Wochen wieder, wenn die Gewöhnung abgeflaut ist. Das ist eine Art Schutzmechanismus des Körpers: Binge-Konsum funktioniert bei diesen Substanzen nicht.

Wie viel Alkohol verträgt das Gehirn täglich, ohne Schaden zu nehmen?

Preller: Manche Leitlinien schätzen für Frauen ein Glas Rotwein täglich als unbedenklich ein, für Männer sind es zwei. Ich halte allerdings wenig von solchen Pauschalaussagen. Die Frage ist doch, trinke ich jeden Tag ein Glas Rotwein, weil ich mich ohne nicht mehr entspannen kann? Wenn ja, ist das eine ganz andere Geschichte, als wenn ich ein Glas Rotwein genieße und in diesem Moment mehr Lebensfreude habe. Die erste Motivation ist gefährlicher als die zweite, egal, welche Substanz man konsumiert und in welcher Dosis. Beim Alkohol spielt auch eine Rolle, wie gut die

Leber den Alkohol abbaut. Kommen Leber und auch der restliche Organismus nicht mehr nach, gibt es im Gehirn Veränderungen bis hin zu einer Demenz. Bei einem gesunden, jungen Menschen, der regelmäßig Sport macht, mag die Ein-Glas-pro-Tag-Aussage gelten. Man kann sie aber nicht auf alle anderen Menschen übertragen. Grundsätzlich kann man mit allem, was man täglich, chronisch und routiniert macht, nicht mehr so ohne Weiteres aufhören.

Fritschy: Im Vergleich zu Heroin, Nikotin oder LSD, bei denen ein Milligramm genügt, um eine Wirkung auszulösen, konsumieren wir Alkohol in Gramm, also in tausendfach höherer Dosierung als Drogen. Trinkt man ein Glas Wein, nimmt man mehrere Gramm Alkohol zu sich, das ist pharmakologisch gesehen eine riesige Menge. Die ersten ein, zwei Gläser sind angenehm, der Alkohol entspannt, man fühlt sich fröhlich. Mit zunehmender Dosis wird man schläfrig, dann wird einem schlecht, das Gleichgewicht ist beeinflusst und auch die Motorik. Diese Wirkungen sind völlig unspezifisch, sie haben lediglich mit der Menge zu tun. Die Wirkungen, die relevant sind, das sind diejenigen auf die Psyche: Wir fühlen uns wohl, verlieren unsere Schüchternheit, werden vielleicht mutiger. Welche Mengen das Gehirn täglich verträgt, ohne Schaden zu nehmen, weiß man nicht genau. Man sagt, ein, zwei Gläser pro Tag. Es ist schwierig zu zeigen, ob Alkohol Hirnzellen zerstört oder die Plastizität beeinflusst. Zu viel trinken schädigt den Körper, die Leber, das Herz stärker als das Gehirn. Wird Alkohol in extrem hohen Mengen konsumiert, verursacht er Krankheiten, die wegen zerstörter Hirnareale entstehen. Und man muss bedenken, dass Alkohol abhängig macht. Menschen, die jeden Tag zwei, drei Gläser Wein oder Bier trinken, werden süchtig und können meist mit dem Trinken nicht mehr aufhören. Übers ganze Leben täglich einen halben Liter Wein trinken schadet vor allem dem Körper. Werden aber aus drei Gläsern zehn, wird auch das Gehirn angegriffen.

Wie gefährlich ist Cannabis für das Gehirn, vor allem für das von Jugendlichen?

Preller: Schwierig zu sagen. Für entsprechende Studien vergleicht man Menschen, die Substanzen konsumieren, zum Beispiel Cannabis oder MDMA, mit solchen, die nichts einnehmen. Vielleicht schneiden die MDMA- und Cannabis-Konsumenten tatsächlich schlechter ab in den Tests, die sie machen müssen. Vielleicht hatten sie aber bereits vorher Defizite und begannen deswegen, Substanzen zu konsumieren. Es gibt wenige gute Langzeitstudien. Mit Cannabis ist es so wie mit anderen Substanzen auch: Das jugendliche Gehirn entwickelt sich noch und sollte nicht allzu sehr gestört werden. Und wie bei anderen Substanzen spielt es auch bei Cannabis eine Rolle, weshalb man es nimmt. Kifft einer alle zwei Wochen mal mit seinen Freunden und hat es dabei lustig oder kifft einer jeden Tag, um die Sorgen zu vergessen, die ihm die Schule macht? Letzteres kann gefährlich sein. Wir wissen, dass Cannabis die Motivation reduzieren kann. Jugendliche, die während der Pubertät in einer verletzlichen Lebensphase sind, geraten mit Cannabis möglicherweise in etwas hinein, das ihnen nicht guttut. In Studien, in denen wir Cannabis-Konsumenten mit Leuten verglichen, die kein Cannabis rauchen, fanden wir keine Unterschiede in der kognitiven Leistung. Allerdings waren es Erwachsene, keine Jugendlichen, und Leute, die zwar regelmäßig konsumieren, aber nicht abhängig sind.

Fritschy: Die Erfahrung zeigt, dass Cannabis bei bestimmten Personen Psychosen auslösen kann und sie dann eine Schizophrenie entwickeln. Was man nicht weiß: ob diese Personen ein halbes oder ein Jahr später auch ohne Cannabis eine Psychose und später eine Schizophrenie bekommen hätten. Das ist sehr umstritten.

Preller: In der Klinik sehen wir sehr viele Schizophrenie-Patienten, die regelmäßig Cannabis konsumieren. Und so kam man auf die Idee, dass es zwischen Cannabis-Konsum und Schizophrenie einen Zusammenhang gibt. Aber tatsächlich ist ein solcher unglaublich schwierig zu klären. Es gibt diverse Studien dazu, jede sagt etwas anderes. Es kann gut sein, dass Cannabis Menschen, die eine Veranlagung zu Schizophrenie und psychotischen Erkrankungen haben, noch mal stärker in diese Richtung führt. Die ersten psychotischen Symptome treten häufig im Alter zwischen 16 und 19 auf. Es ist aber auch möglich, dass die Jugendlichen Probleme in der Pubertät mit Cannabis therapieren wollen. Beide Hypothesen sind wahrscheinlich in gewisser Weise wahr. Ein völlig gesunder Mensch entwickelt vermutlich allein wegen moderatem Cannabis-Konsum keine dauerhafte Schizophrenie. Dafür braucht es eine Veranlagung. Menschen, die in der Verwandtschaft Schizophrenie-Kranke haben, sollten in Sachen Cannabis vorsichtig sein.

Das Gehirn produziert mit den Endorphinen selber Drogen. Wofür brauchen wir die körpereigenen Opiate?

Preller: Wir müssen auf unsere Umwelt reagieren können. Unser Gehirn und unser Körper möchten uns für Verhaltensweisen belohnen, die uns ein gutes Gefühl geben. Das beginnt bereits beim Essen. Genossen die Menschen in Zeiten, als Essen eingeschränkt war, etwas, das ihnen schmeckte, meldete das Gehirn: Das ist gut! Das wollen wir wieder haben, dafür sind wir bereit zu arbeiten. Um solche Verhaltensweisen belohnen und verstärken zu können, haben wir das Belohnungssystem. Dazu gehören auch die Endorphine. Dank den körpereigenen Opiaten bleiben wir auch bei Unfällen oder in Gefahrensituationen einsatzbereit. Häufig spüren Schwerverletzte so lange keine Schmerzen und sind funktionsfähig, bis sich jemand um sie kümmert. Das ist ein sehr schöner Mechanismus unseres Körpers. Trotz schwerer Verletzungen können wir überleben und nach Hilfe rufen.

Werden Endorphine auch ausgeschüttet, wenn wir sterben?

Fritschy: Möglicherweise schon, Sterben ist eine Grenzerfahrung. Es ist klar, dass das Gehirn diese Situation aktiv mitsteuert.

Kurzbiografie Katrin Preller

Katrin Preller wurde 1984 in Erlangen geboren. Sie studierte Psychologie und Neurowissenschaften an der Universität Konstanz, wo sie auch den Master of Science in Neuropsychologie machte. 2013 promovierte sie an der Universität Zürich. Nach Abschluss ihrer Doktorarbeit forschte sie an der Psychiatrischen Universitätsklinik Zürich PUK zu den Auswirkungen der Halluzinogene Psilocybin und LSD auf Selbstwahrnehmung, soziale Kognition und multimodale Verarbeitung. Später arbeitete sie als Postdoc am Wellcome Trust Centre for Neuroimaging in London und an der US-amerikanischen Yale University. Derzeit leitet sie an der PUK eine Forschungsgruppe, die in präklinischen und klinischen Studien die Neurobiologie von Psychedelika untersucht.
Katrin Prellers Forschung: www.tinyurl.com/katrinpreller

Kurzbiografie Jean-Marc Fritschy

Jean-Marc Fritschy, geboren 1956 in Genf, studierte an der Universität Genf Biologie und promovierte an der Universität Lausanne in Neuroanatomie. Danach arbeitete er als Postdoktorand während vier Jahren an der Johns Hopkins School of Medicine in Baltimore. 1991 wechselte er an die Universität Zürich, als Gruppenleiter am Institut für Pharmakologie und Toxikologie. 2000 gründete er am selben Institut die Abteilung Neuromorphologie und wurde zum nebenamtlichen außerordentlichen Professor berufen. 2004 wurde er zum Ordinarius befördert, und von 2015 bis zu seiner Emeritierung 2019 war er stellvertretender Dekan und Prodekan Forschung an der Medizinischen Fakultät der Universität Zürich. Fritschy, der unter anderem für seine präklinische Epilepsie-Forschung bekannt ist, wurde verschiedentlich ausgezeichnet, unter anderem mit dem Forschungsförderungspreis der Epilepsie-Liga.
Jean-Marc Fritschys Forschung: www.tinyurl.com/jmfritschy

07

»Träume sind subjektives Erleben, genauso real wie das, was wir im Wachzustand erfahren.«

Michael Schredl, Traum- und Schlafforscher, erklärt, welche Schwerarbeit unser Gehirn nachts leistet und was wir im Traum trainieren.

Was macht unser Gehirn, wenn wir schlafen?

Es arbeitet, es festigt und vertieft unser Gedächtnis. Das ist nur eine von vielen Aufgaben, die es nachts erledigt. All die Informationen, die es tagsüber aufgenommen und im Arbeitsgedächtnis zwischengespeichert hat, sichtet und sortiert es während des Schlafs nochmals und schaufelt sie dann ins Langzeitgedächtnis. Das ist eine sehr intensive Arbeit, das Gehirn erledigt sie in sämtlichen Schlafphasen. Diese sind nicht gleichmäßig über die ganze Nacht verteilt, sondern folgen einem bestimmten Rhythmus, dem Schlafprofil. Am Anfang der Nacht haben wir einen längeren Tiefschlaf, dann die erste REM-Phase, die Phase, in der sich die Augen hinter den geschlossenen Lidern schnell hin und her bewegen. Darauf folgen etwas weniger Tiefschlaf, die zweite, längere REM-Phase, dann normaler Schlaf und erneut REM-Schlaf.

Doch das Gehirn arbeitet nachts nicht nur, es regeneriert sich auch. Aktuell wird in der Hirnforschung diskutiert, dass es vor allem im Tiefschlaf Stoffe abtransportiert, die möglicherweise die Plaques bilden, die wir im Gehirn von Demenzkranken sehen.

In welcher Phase erledigt das Gehirn welche Arbeiten?
Heute geht man davon aus, dass in den verschiedenen Schlafstadien, im Tiefschlaf, im normalen Schlaf und im REM-Schlaf, unterschiedliche Prozesse zur Gedächtniskonsolidierung ablaufen, die aufeinander aufbauen, die Einzelheiten sind allerdings noch nicht gut verstanden. Wir glauben, dass all das, was wir auswendig lernen, um es später abrufen zu können, das sogenannte deklarative Gedächtnis, im Tiefschlaf gefestigt wird. Dann transportiert das Gehirn die Informationen vom Arbeits- ins Langzeitgedächtnis. Emotionale Erlebnisse lässt es hingegen eher im REM-Schlaf Revue passieren. In dieser Phase sind die Zentren für Emotionsempfindung besonders aktiv. Was im prozeduralen Gedächtnis gespeichert ist, Fertigkeiten, die wir durch Übung perfektionieren, zum Beispiel Fahrradfahren oder Klavierspielen, wird möglicherweise im zweiten Schlafstadium, also im normalen Schlaf, und auch im REM-Schlaf, nochmals bearbeitet.

Wie kann das Gehirn bei seiner Nachtarbeit unterstützt werden?
Das Wichtigste ist ein gesunder Schlaf. Das heißt ausreichend schlafen und Stressfaktoren vermeiden, die den Schlaf stören können.

Wie viel Schlaf braucht das Gehirn durchschnittlich?
Einen Durchschnittswert kann man einfach angeben, momentan liegt er zwischen siebeneinhalb und acht Stunden, aber das Schlafbedürfnis ist von Mensch zu Mensch unter-

schiedlich. Manche schlafen sechseinhalb oder sieben Stunden, andere brauchen neun oder sogar zehn Stunden Schlaf. Für Menschen, die sich zu wenig Schlaf gönnen, hat die Schlafforschung eine Diagnose, sie heißt Schlafmangelsyndrom. Zuwenig-Schläfer wollen ihre Zeit vor allem für die Arbeit und die darauf folgende Freizeit nutzen und glauben deshalb, dass maximal sechs Stunden Schlaf jede Nacht reichen. Sie gewöhnen sich über mehrere Jahre an, zu wenig zu schlafen. Lange Zeit funktioniert dies wunderbar. Plötzlich aber bekommen sie Probleme, sie fühlen sich tagsüber müde und erschöpft – und verstehen nicht, weshalb. Bis dahin hatte ihnen der zu kurze Schlaf ja keine Nebenwirkungen beschert.

Weshalb verlieren wir im Schlaf das Bewusstsein?

Wir verlieren nicht das Bewusstsein, aber den Kontakt zur Außenwelt – allerdings nicht vollständig. Dies passiert, weil das Gehirn verschiedene Areale entkoppelt, um damit den Arealen, die für das Vertiefen und Festigen des Gedächtnisses zuständig sind, mehr Raum zu geben. Diese Entkoppelung vermittelt uns beim Einschlafen das Gefühl, wir würden wegdriften. Die Hauptfunktion unseres Gehirns, Informationen aus der Welt draußen aufzunehmen und zu verarbeiten, ist im Schlaf deutlich reduziert. Abgeschaltet aber ist sie nicht, sonst würden wir morgens den Wecker nicht hören. Das heißt, Reize von außen werden zwar aufgenommen, wandern jedoch meist in den »Mülleimer«, das heißt, sie werden vom Bewusstsein nicht weiterverarbeitet.

Wieso träumen wir?

Manche Hirnforscher sagen, die Natur habe sich nicht die Mühe gemacht, das subjektive Empfinden während des Schlafes abzuschalten. Weil subjektives Erleben eine Grundfunktion des Gehirns sei, egal, ob wir schlafen oder ob wir wach sind. Die Forscher sind sich aber nicht einig, ob diese Grundfunktion zusätzlich zur Gedächtniskonsolidierung während des Schlafs spezifische Aufgaben hat – im Traum Probleme lösen zum Beispiel. Neuere Theorien sagen, Träume seien ein Trainingsfeld. Manche Wissenschaftler sind der Meinung, wir könnten während des Traums lernen, mit unseren Ängsten umzugehen. Andere sagen, wir würden im Traum unsere sozialen Fähigkeiten trainieren, den Umgang mit anderen Menschen. Der Schlaf sei ein Übungsfeld für zukünftiges Handeln; wir könnten schlafend verschiedene Ideen durchspielen. Die große Frage bleibt, ob wir uns daran erinnern müssen, um in den Genuss dieser Vorteile zu kommen. Was nützt die kreativste Idee im Traum, wenn sie morgens nicht mehr präsent ist? Bleibt auch ohne Erinnerung vom Traum etwas hängen, bin ich deshalb kreativer, weil mein Bewusstsein nachts Vorarbeit geleistet hat?

Ist es nicht das Unbewusste, das die Vorarbeit leistet?

Die Idee, dass das Unbewusste träumt, ist zeitgeschichtlich älter, heute spricht man vom Bewusstsein, da Träume, wenn sie erinnert werden, bewusst sind. Als unbewusst werden heute Dinge bezeichnet, die dem Bewusstsein nicht direkt zugänglich sind.

Wo im Gehirn entstehen die Träume?

Fast das ganze Gehirn ist am Träumen beteiligt. Wenn wir im Traum sprechen, ist auch das Sprachzentrum aktiv, das wir im Wachzustand brauchen. Wenn wir uns bewegen, ist der Motorcortex aktiv. Aber es gibt auch Zentren, die beim Träumen nicht beteiligt sind, etwa der primäre, visuelle Cortex. In diesem Areal werden die Nervenreize, die aufs Auge treffen, zu Bildern verarbeitet. Weil die Augen während des Schlafs geschlossen, also abgekoppelt sind, gibt es in diesem Areal nur sehr wenig Aktivität.

Trotzdem präsentiert uns das Gehirn Bilder, wie im Film.
Vorsicht mit der Bezeichnung »wie im Film«. Träume sind subjektives Erleben, das genauso real ist wie das, was wir im Wachzustand erfahren, sie sind keine Filme, die wir im Kinosessel sitzend schauen. Neurowissenschaftlich betrachtet nehmen unsere Sinnesorgane im Wachzustand Licht- und Schallwellen auf und produzieren Bilder. Das vollständige Erleben der Welt ist nicht das, was wir tatsächlich an Reizen wahrnehmen, sondern das, was das Gehirn zusammenbaut. Es bildet nicht die Wirklichkeit ab, es konstruiert die Welt. Deshalb können wir das Gehirn auch überlisten, mit optischen Täuschungen etwa. Betrachten wir eine solche, präsentiert uns das Gehirn Sachen, die nicht der Realität entsprechen. Der Prozess, aus der Wahrnehmung im Wachzustand eine subjektive Erfahrungswelt zu machen, ist beim Träumen praktisch derselbe. Mit einer Ausnahme: Äußere Reize nehmen wir im Schlaf nur extrem selten wahr.

Manche Menschen haben das Gefühl, sie würden nicht träumen. Funktioniert ihr Gehirn anders als dasjenige der Träumer?
Sie haben nur das Gefühl, sie würden nicht träumen, das Gehirn ist nachts aktiv, also wird geträumt. Wacht das Gehirn auf, muss es umschalten – vom Schlaf- in den Wachmodus. Auf diesem Weg geht Information verloren. Menschen, die sich nicht an ihre Träume erinnern können, sind beim Aufwachen zu wenig aufmerksam, sie konzentrieren sich bereits auf den vor ihnen liegenden Tag, statt noch ein bisschen den Erlebnissen der Nacht nachzuhängen. Wer wissen will, was er nachts geträumt hat, muss sich vor dem Einschlafen vornehmen, sich morgens an den Traum zu erinnern, und etwas zum Notieren bereitlegen. Der erste Gedanke beim Aufwachen gilt der Nacht: War da ein Traum? Taucht eine Erinnerung auf, soll man sie im Wachzustand wiederholen.

Hat man für die Erinnerung keine Zeit und macht etwas anderes, ist sie weg.

Müssen wir an einem bestimmten Tag zu einer bestimmten Zeit aufwachen, weil wir einen wichtigen Termin haben, können wir vor dem Einschlafen die Aufwachzeit programmieren. Viele Menschen wachen dann bereits kurz vorher auf. Denkt unser Gehirn die ganze Nacht über an diese programmierte Zeit?

Eine Arbeitsgruppe machte genau dazu eine Studie und stellte fest, dass das Gehirn tatsächlich kurz vor der programmierten Zeit aufwacht. Morgens steigt in unserem Körper das Hormon Cortisol an, um uns aufs Aufwachen vorzubereiten. Bei Personen, die ihrem Gehirn vor dem Einschlafen eine Uhrzeit programmieren, die früher ist als üblich, steigt auch das Cortisol früher an. Das Gehirn scheint Vorsätze speichern zu können. Doch bei einem sehr wichtigen Termin würde ich mich nicht darauf verlassen. Es gibt eine Alternativerklärung für diese Fähigkeit des Gehirns, Programmiertes zu behalten. Während des Schlafs gibt es kurze Wachphasen, immer dann, wenn wir uns bewegen, unsere Lage ändern, das machen wir pro Nacht bis zu 15 Mal. Dafür muss der Körper wach sein, auch wenn uns dies nicht bewusst ist. Möglicherweise erinnern wir uns in diesen Wachphasen daran, dass wir um fünf Uhr aufstehen müssen. Und vielleicht werden wir sogar ein bisschen aktiver, schauen kurz auf die Uhr. Aber klar, auch in den kurzen Wachphasen muss die Erinnerung ans frühe Aufstehen präsent sein, damit wir tatsächlich rechtzeitig aufwachen.

Was denkt das Gehirn beim Tagträumen?

Es ist auf Gedankenwanderung. Im Juni 2019 präsentierten Forscher auf einem Kongress Arbeiten zum Tagträumen. Die Studien kamen zustande, weil Bildgebungsforscher bei Versuchspersonen, die im MRT-Scanner lagen, sahen, dass in deren Gehirnen Areale zusammenarbeiteten, obwohl die Leute keine konkrete Aufgabe lösen mussten. Das Fazit der Forscher lautete: Bekommt das Gehirn keine Aufgabe gestellt, geht es in den Zustand des Mind Wandering. Ich bin nicht einverstanden mit der These, Tagträume seien Gedanken, die nicht zu einer bestimmten Aufgabe gehören. Meiner Meinung nach ist es umgekehrt: Der Grundzustand des Gehirns ist, die Gedanken wandern zu lassen, alles Mögliche zu denken, an die Vergangenheit und an die Zukunft, bis es eine Aufgabe zu lösen hat. Dafür muss sich das Gehirn dann anstrengen, es schaltet vom Mind Wandering um und aktiviert die Areale, die für die Lösung dieser bestimmten Aufgabe nötig sind. Für die Bildgebungsforscher war das Tagträumen eine Störung, sie wollten die Gehirnaktivität beim Aufgabenlösen messen und nicht das, was das Gehirn macht, wenn es auf Wanderschaft geht. Doch im Mind Wandering tauchen ja nicht nur zufällige Gedanken auf, wir spielen beim Tagträumen auch Zukunftsszenarien durch: Wie komme ich nach Hause? Was gibt es heute Abend zu essen?

Wofür braucht das Gehirn Albträume?

Viele Forscher gehen davon aus, dass Albträume eine Überlastung des Traumsystems sind. Sie spiegeln in einer emotional intensiven Form Themen wider, die uns tagsüber beschäftigt haben. Ein typisches Albtraumthema ist vor einem Monster wegrennen. Je schneller man läuft, desto schneller rennt auch das Monster. Dieses Grundmuster entspricht einem Vermeidungsverhalten, das der träumende Mensch auch zeigt, wenn er wach ist. Das Traummotiv kann ihm klarmachen: Weglaufen ist keine gute Strategie, Handeln ist gefragt.

Was macht das Gehirn beim Schlafwandeln?
Schlafwandeln ist keine optimale Bezeichnung für den Zustand, in dem wir nachts herumlaufen. Beim Schlafwandeln kommt es zu einem unvollständigen Erwachen. Ausgelöst durch einen internen Reiz, das kann eine unerledigte Aufgabe sein, die in unserem Kopf herumschwirrt, oder durch einen externen Reiz wie ein Geräusch. Das Gehirn befindet sich in einem Zustand, in dem es halb schläft und halb wach ist. Die Augen der Schlafwandler sind offen, sie sind imstande, einfache Handlungen durchzuführen, sie können auch gehen, verletzen sich aber möglicherweise, weil sie in der Dunkelheit über Hindernisse stolpern. Da die höheren Gehirnzentren beim Schlafwandeln im Schlafzustand sind, können sie aber weder Gesichter erkennen noch den Gesamtkontext richtig einschätzen. Denkt ein Schlafwandler: Oh mein Gott, es brennt!, ist er nicht in der Lage zu kontrollieren, ob tatsächlich ein Feuer ausgebrochen ist. Und springt deshalb möglicherweise aus dem Fenster.

Die Redewendung mit »schlafwandlerischer Sicherheit« trifft also nicht zu.
Nein, die meisten erwachsenen Schlafwandler haben sich schon mal verletzt. Es gibt banale Verletzungen, blaue Flecken, weil man sich im Dunkeln an einem Möbelstück gestoßen hat. Es gibt aber auch den Fall einer Frau, die dachte, ihr Auto werde geklaut, und sie wollte die Verfolger schnappen. Sie glaubte, ihre Wohnung liege im Erdgeschoss, tatsächlich aber wohnte sie im zweiten Stock. Zum Glück wachte sie auf, just als sie die Verfolgung aufnehmen wollte.

Gibt es etwas, was wir dem Gehirn zuliebe vor dem Schlafengehen nicht tun sollten?
Keine komplexen Sachen lernen, keine verzwickten Probleme lösen, keine aufwendigen Ferien planen, keinen intensi-

ven Sport treiben und vor dem Schlafengehen eine bildschirmfreie Zeit einplanen. Die LED-Bildschirme können das Melatonin, das den Schlafrhythmus steuert, unterdrücken und den Schlaf stören. Das Gehirn und der Körper brauchen vor dem Zubettgehen eine ruhige Phase, die uns auf das Schlafen vorbereitet. Wir müssen runterkommen. Manche sagen abschalten. Doch das Gehirn schaltet nicht ab. Wir können nicht nichts denken. Aber lernen, die Gedanken entspannt zu beobachten. Das ist sehr wichtig und tut unserem Gehirn gut.

Vor dem Schlafengehen lassen wir manchmal den vergangenen Tag Revue passieren. Wozu dient dem Gehirn dieses Reflektieren?
Ich vermute, es ist eine Problemlösungsfunktion. Hatte man einen vollen Tag, blieb kaum Zeit, um abzuspeichern, was gut gelaufen ist und was man hätte besser machen können. Das Gehirn neigt dazu, sich vor allem mit dem zu beschäftigen, was schlecht gelaufen ist. Das ist gut, wenn es darum geht, Probleme zu lösen. Beim abendlichen Reflektieren können wir die Ereignisse nochmals durchlaufen lassen und uns fragen, ob wir eine bestimmte Aufgabe tatsächlich nicht gut erledigt haben. Falls ja, können wir überlegen, wie wir es ein nächstes Mal besser machen könnten.

Wenn wir nachts ein Problem wälzen, wird es zusehends größer und irgendwann riesig. Weshalb schafft es unser Gehirn nicht, aus dem Elefanten, der entstanden ist, wieder eine Mücke zu machen?
Dafür gibt es mindestens zwei Erklärungen. Der Wachzustand im Schlaf ist nicht der gleiche wie tagsüber. Die präfrontalen Areale, die mit Kontrolle zu tun haben, sind nicht so stark aktiv. Das ist das eine. Das andere: Viele Menschen brauchen andere Menschen, um ihre Probleme zu

besprechen und dann lösen zu können. Aber wir können ja nicht nachts den Partner anstupfen oder morgens um drei Uhr einen Freund anrufen, um zu besprechen, was uns gerade beschäftigt.

Kurzbiografie Michael Schredl

Prof. Michael Schredl, geboren 1962 in Wiesloch bei Heidelberg, studierte an der Technischen Universität Karlsruhe erst Elektrotechnik und anschließend an der Universität Mannheim Psychologie. Er gehört zu den führenden Traum- und Schlafforschern im deutschsprachigen Raum. Am Zentralinstitut für seelische Gesundheit in Mannheim hat er die wissenschaftliche Leitung des Schlaflabors inne. Zusammen mit seinem Team erforscht er unter anderem Schlafstörungen und psychisches Erleben während Träumen.
Michael Schredls Forschung: www.tinyurl.com/michaelschredl

08

»Wenn wir lernen, passieren in unserem Gehirn immer zwei oder mehrere Sachen gleichzeitig.«

Peter Klaver, Experte für Lernprozesse, erklärt, weshalb uns meist nicht bewusst ist, dass wir gerade etwas lernen. Und er sagt, warum wir mit kleinen Kindern in Babysprache sprechen.

Wie funktioniert Lernen, was passiert dabei im Gehirn?
Sehr vieles. Die Nervenzellen unseres Gehirns nehmen via Sinne Informationen auf und verändern sich. Einige Synapsen und neuronale Verbindungen werden stärker, andere, die kaum mehr gebraucht werden, schwächer. Lernen ist ein Prozess der Zusammenarbeit, wir lernen dann, wenn zwei Sachen gleichzeitig oder zeitnah geschehen. Wenn die Nervenzellen merken, da passiert etwas, das nicht zufällig ist, sondern ganz im Gegenteil relevant sein könnte. Aus dieser Wahrnehmung kann eine Handlung entstehen und die Kopplung von Wahrnehmen und Handeln kann wiederum einen Lernprozess starten. Letztlich ist Lernen gleichbedeutend mit einem Wiederholungseffekt: Trifft ein bestimmter Reiz mehr als einmal auf eine Zelle und verändert sich diese

durch die wiederholten Eindrücke, findet in unserem Gehirn ein Lernprozess statt.

Lernen ist Zusammenarbeit. Was heißt das genau?
Wahrnehmen und Handeln kann eine Form der Zusammenarbeit sein oder Wahrnehmen und Wahrnehmen. Letzteres ist zum Beispiel dann der Fall, wenn wir eine Rose riechen und den Duft mit der Blume verbinden, die wir sehen. Die beiden Wahrnehmungsaspekte geschehen gleichzeitig. Gleichzeitiges Auftreten oder zeitnahes Auftreten initiiert die Zusammenarbeit zwischen Nervenzellen. Wenn wir lernen, passieren immer zwei oder mehrere Sachen gleichzeitig oder ein bisschen zeitversetzt.

Es gibt nie ein singuläres Ereignis?
Doch, das ist möglich. Wir sprechen dann von einer Gewöhnung, einer speziellen Form des Lernens. Wenn wir zum Beispiel längere Zeit einem unangenehmen Geruch ausgesetzt sind und diesen aushalten müssen, gewöhnen wir uns daran. Nach einer Weile nehmen wir den Geruch nicht mehr wahr.

In welchen Gehirnarealen findet Lernen statt?
Überall, verteilt über das ganze Gehirn. Allerdings gibt es Regionen, die am Lernen stärker beteiligt sind als andere.

Welche?
Vor allem der Hippocampus. Er ist fürs Lernen ausgesprochen wichtig. Er bringt viele verschiedene Aspekte von Erlebnissen, wie Gerüche, Sprache und Bilder zusammen und speichert sie im Langzeitgedächtnis ab. Außerdem können in dieser Hirnregion neue Erlebnisse mit früheren Erfahrungen verglichen und abgespeicherte Erfahrungen aus dem Gedächtnis abgerufen werden.

Wieso lernen junge Menschen einfacher als ältere?
Bei jüngeren Menschen haben die Nervenzellen erst wenig Lerneindrücke gesammelt, sie sind deshalb offener für Neues. Bei Erwachsenen hingegen gibt es im Gehirn bereits viele Bahnen. An diesen ausgebahnten Verbindungen etwas zu ändern oder gar neue zu machen kostet sehr viel Mühe.

Weshalb kommt es für kognitive Fähigkeiten nicht auf die Größe des Gehirns an?
Wenn wir Tiere miteinander vergleichen, sehen wir, dass ein Elefant ein wesentlich größeres Gehirn hat als der Mensch, aber trotzdem nicht intelligenter ist. Je größer der Körper, desto größer das Gehirn. Was bei kognitiven Fähigkeiten zählt, ist die Organisation des Gehirns. Vergleichen wir das Gehirn von Affen und Menschen miteinander, sehen wir, dass die Gehirne ziemlich ähnlich sind. Allerdings sind beim Menschen die Regionen für Sprache oder für das Denken größer als beim Affen.

Sind die größeren Areale beim Menschen evolutionär bedingt?
Wahrscheinlich schon, wir wissen aber nicht, weshalb das so ist. Es wird etwa diskutiert, ob dieser Unterschied eher mit der Sprachentwicklung oder eher mit dem Denken zu tun hat. Früher war man der Meinung, der Mensch brauche Sprache zum Kommunizieren, doch das wird mittlerweile von einigen Wissenschaftlern in Zweifel gezogen.

Weil der Mensch auch via Gebärdensprache kommunizieren könnte?
Ja genau. Es gibt keinen zwingenden Grund, weshalb der Mensch mehr oder anders kommunizieren können sollte als der Affe. Möglicherweise hat die Entwicklung des menschlichen Gehirns eher mit dem Denken zu tun, mit der Moto-

rik oder mit der Planung von Handlungen. Irgendwann im Verlauf der Evolution begann der Mensch erst Werkzeuge, dann Geräte zu entwickeln, dafür brauchte er bestimmte Gehirnregionen stärker als der Affe.

Der Mensch ist das einzige Lebewesen, das eine Sprache spricht. Weshalb?

Das ist richtig, was die Sprache betrifft, wie wir sie kennen, aber auch Delfine haben ein gut entwickeltes Kommunikationssystem. Die Entwicklung der Sprache hat viel mit der Bindung zwischen Eltern und Kind zu tun. Wie intensiv wir Bindungen wahrnehmen, das läuft über die Sprache.

Wie lernt der Mensch sprechen?

Durch Handeln, also Sprechen und Wiederholen, immer und immer wieder. Einiges passiert bereits im Bauch der Mutter. Studien haben gezeigt, dass Föten Laute und Sprachen unterscheiden können, etwa Finnisch von Deutsch. Nach der Geburt kommt die Kommunikation über Blicke, über die Mimik und über die Bindung zwischen Eltern und Kind hinzu.

Erwachsene sprechen mit Babys anders als mit Erwachsenen. Was würde passieren, wenn wir mit Babys so sprächen wie mit Gleichaltrigen?

Das Kind verlöre schnell das Interesse an der Sprache.

Weshalb?

Weil Erwachsene flach sprechen.

Was heißt flach?

Das Kind mag Sprachmelodien, es lernt sehr viel via Emotionen, die mit der Sprache transportiert werden. Diese Emotionen sind viel versteckter, wenn Erwachsene miteinander sprechen, sie stecken oft im Kontext. Man muss viel über

Sprache wissen, vieles gelernt haben, um ihre Bedeutung zu erfassen. Das Kind braucht dafür nonverbale Kommunikation und Intonation. Wenn Erwachsene mit Babys und kleinen Kindern sprechen, halten sie immer Augenkontakt. Kinder schauen Erwachsenen auch stark auf die Lippen, beobachten, wie sie sich beim Sprechen bewegen. Wenn jemand in einer anderen als der gewohnten Sprache mit dem Kind spricht, guckt es sehr genau auf den Mund des Gegenübers, weil es wissen will, was da gerade passiert.

Sie sprachen über den Kontext, der bei Gesprächen mitläuft. Bekommen wir den beim Sprechenlernen unbewusst mit?

Ja, wir lernen den Kontext mit. Dafür brauchen wir mehrere Jahre und müssen nicht nur die Sprache, sondern auch die jeweiligen sozialen Regeln lernen. Wenn wir diese nicht kennen, kann es sein, dass andere uns als grobschlächtig, tollpatschig oder sozial inkompetent wahrnehmen. Kinder können spielend einfach von einem Kontext in einen anderen wechseln, weil ihre Regeln noch nicht so fest im Verhalten verankert sind.

Was passiert im Gehirn von Kindern, die zweisprachig aufwachsen?

Sie lernen sehr schnell, sich in zwei unterschiedlichen Kontexten zurechtzufinden. Sie erkennen den jeweiligen Kontext und wechseln dann sofort in die andere Sprache.

Bilden sich im Gehirn zwei unterschiedliche Areale aus, für jede Sprache eines?

Wenn ich mich richtig erinnere, sind bei zweisprachigen Kindern beide Sprachen in der gleichen Gehirnregion angesiedelt. Bei Kindern, die eine zweite Sprache später lernen, organisiert sich das Gehirn anders. Hier sind die beiden Sprachen im gleichen Areal räumlich getrennt, der Wechsel von der einen in die andere Sprache ist entsprechend schwieriger.

Lernt unser Gehirn immer bewusst?

Nein, das ist eher die Ausnahme. Wenn wir bewusst lernen, wissen wir, dass wir etwas nicht wissen, und wollen dies ändern. In bis zu 95 Prozent der Fälle lernen wir unbewusst. Allerdings ist es schwierig zu sagen, was bewusstes Lernen ist und was unbewusstes, da das Thema Bewusstsein in der Hirnforschung sehr kontrovers diskutiert wird. Wir können über den Willen sprechen, etwas erreichen zu wollen, und über das Gefühl, das sich einstellt, wenn wir das Ziel erreicht haben. Gehen, Schwimmen, Fahrradfahren, das wollen wir lernen und bleiben dafür am Ball. Doch haben wir es einmal gelernt, sind wir nicht in der Lage, bewusst abzurufen, was genau wir gelernt haben und wie genau wir es geschafft haben. Wir können uns höchstens an ein Ereignis erinnern, das mit der Lernsituation zu tun hatte, zum Beispiel, wie wir zusammen mit dem Großvater ins Schwimmbad gegangen sind.

Wie lange am Stück können wir bewusst lernen?

Ich nahm mal an einer Studie teil, in der die Teilnehmer versuchen mussten, ein bestimmtes Bild im Bewusstsein aktiv zu halten. Das kann man vielleicht zwei Sekunden lang, dann muss man ausruhen, danach kann man das Bild wieder aufrufen. Zum Glück hat das Gehirn die Möglichkeit, Sachen aus dem Gedächtnis zu holen, sie zu reaktivieren. Das können wir relativ lange durchhalten. Vor allem wenn die Erreichung des Ziels realistisch und machbar ist.

Braucht mein Gehirn neue Eindrücke oder Pausen, damit ich drei, vier Stunden lang konzentriert an etwas arbeiten kann?

Man braucht immer wieder Abschaltmomente, sonst ermüdet das Gehirn schnell. Wie viele Pausen jemand während einer intensiven Lernphase braucht, ist von Mensch zu Mensch verschieden. Wie lange wir konzentriert auf ein Ziel hinarbeiten können, hängt letztlich davon ab, wie wichtig uns das Ziel ist. Bei Kindern mit einer Aufmerksamkeitsdefizit-/Hyperaktivitätsstörung ist oft nicht die mangelnde Konzentration das Problem, sondern die Ziele, die sie gesteckt bekommen: Sie sind ihnen zu wenig wichtig.

Man sitzt in einer Runde, denkt angestrengt über etwas nach und kommt nicht weiter. Dann muss eine auf die Toilette, kommt zurück und sagt: »Ich habs!« Was passiert beim Toilettenmoment im Gehirn?

Manchmal ist es nötig, den Kontext zu wechseln, um ein Problem lösen zu können oder weiterzukommen. Wenn man etwas anderes macht, findet im Gehirn ein Neustart statt. Konzentriert man sich danach wieder auf die eigentliche Aufgabe, entstehen im Gehirn andere Assoziationen. Vorher, beim fixierten Denken, waren sie blockiert.

Was passiert im Gehirn, wenn man am Schreibtisch sitzt, etwas holen gehen will, unterwegs vergisst, was man wollte, an den Ausgangspunkt zurückkehrt und sich sofort wieder erinnert?

Das sind Gedächtnisphänomene des Primings. Das heißt, man braucht die kontextuelle Information, um eine Erinnerung aufzurufen. Bei Menschen mit Drogenproblemen, mit Angststörungen oder mit posttraumatischen Belastungsstörungen kann diese Beeinflussung des Denkens, ausgelöst durch einen bestimmten Reiz in der Vergangenheit, problematisch sein, weil dann schwierige oder traumatische Erinnerungen wieder auftauchen.

Wie funktioniert das Gehirn von Querdenkern?

Wenn wir über etwas nachdenken, brauchen wir die Informationen, die wir im Gedächtnis gespeichert haben, und die Fähigkeit, auf diese Informationen zugreifen zu können. Querdenker sind nicht zwingend Menschen mit hoher Intelligenz, weil man bei der Intelligenz eher Regeln folgt. Querdenker hingegen weichen von bestimmten Wegen ab, nehmen sich die Freiheit, bestimmte Informationen außer Acht zu lassen und dafür auf andere zuzugreifen, die nicht ihrem gewohnten, logischen Vorgang folgen. Oft im Wissen, dass es ein Risiko ist, diesen Weg einzuschlagen, weil sie die alternative Information möglicherweise nicht nutzen können. Querdenker sind risikofreudige Menschen, sie sind bereit, nach anderen Wegen zu suchen.

Ist Querdenken eine Fähigkeit, die bereits im Kindesalter ausgebildet wird?

Ich denke schon ja, das hat mit Belohnung zu tun. Menschen, die nach alternativen Lösungen suchen, empfinden das als belohnend, vor allem wenn dieser Weg zum Ziel führt. Menschen mit einem hohen Sicherheitsbedürfnis hingegen ängstigt das Abweichen vom gewohnten Weg. Belohnung erfahren sie dann, wenn sie wie gewohnt ans Ziel gekommen sind.

Interessant, dass Sie sagen, Querdenker würden ihre Art des Denkens als belohnend empfinden, denn einige ecken mit ihrer Art ja sehr an.

Querdenker holen die Belohnung nicht so sehr von außen, sie erfahren intrinsische Belohnung. Gutes Lernen ist dann gut, wenn wir das Lernen als solches belohnend empfinden. Querdenker haben gelernt, die intrinsische Belohnung des

Lernens wahrzunehmen. Wenn wir dieses Gefühl nicht kennen, können wir kaum querdenken.

Was lernen Kinder beim Spielen?
Sehr vieles über soziale Regeln und den Kontext, in dem sie leben. Sie erfahren, dass Lernen und Spielen Spaß machen. Und sie lernen, Dinge zu entdecken, und kommen so auf eigene, neue Wege.

Weshalb geht das selbstvergessene Spielen bei Erwachsenen verloren?
Nicht bei allen. Zum Beispiel in der Kunst oder in der Wissenschaft gibt es Personen, welche sich spielerisch über lange Zeit mental fit halten können. Lebenslanges Spielen und damit verbunden lebenslanges Lernen sind gesund fürs Gehirn, gesund fürs Alter. Wenn Erwachsene und alte Menschen keine neuen Aufgaben mehr bekommen, keine Ziele mehr haben und keine Herausforderungen mehr meistern müssen, altern sie sehr viel schneller.

Können wir im Schlaf lernen?
Es gab Studien, bei denen Schlafende mit Gerüchen beduftet wurden. Soviel ich weiß, blieb von diesen Informationen tatsächlich etwas hängen. Lernen, so wie tagsüber, das können wir im Schlaf nicht. Nachts vertiefen wir das, was wir vor dem Schlafengehen gelernt haben, und konfigurieren Verbindungen zwischen Nervenzellen neu. Das kann dazu führen, dass wir bestimmte Sachen über Nacht viel besser können.

Wie unterscheiden sich explizites und implizites Lernen?
Beim expliziten Lernen nehmen wir Informationen bewusst auf und rufen sie später auch bewusst wieder ab. Beim impliziten Lernen lernen wir unbewusst und spielerisch, indem

wir etwas tun, ohne dass damit die Aufgabe verbunden ist, etwas zu lernen. Ob dies komplett unbewusst geschieht, ist nicht klar. Es kann durchaus sein, dass man unbewusst etwas lernt, der Lernvorgang einem aber bewusst wird.

Lässt sich Intelligenz lernen?

Intelligenz ist das, was der Intelligenztest misst. In der Wissenschaft versuchen wir, den Intelligenzbegriff über den Intelligenztest hinaus breiter zu fassen. Wir sehen, dass die Intelligenzkurve in der frühen Entwicklung ansteigt, während der Pubertät ins Schwanken gerät, vielleicht sogar abfällt, um danach wieder anzusteigen. Studien haben gezeigt, dass Intelligenz, also kognitive Fähigkeiten, damit zu tun haben, wie aktiv wir lernen. Menschen mit langer Ausbildung weisen bei den kognitiven Fähigkeiten eine steigende Kurve auf. Menschen mit kurzer Ausbildung, die danach gleich ins Berufsleben einsteigen und repetitive Arbeiten ausführen, verharren auf einem bestimmten Niveau oder ihre Intelligenzkurve fällt eher ab. Für Fähigkeiten wie Lernen, Aufmerksamkeit, Gedächtnis, Sprache gibt es individuelle Talente: Man kann das eine besser als das andere. Trotzdem haben wir alle in jedem Bereich Lernpotenzial.

Kann jeder Mensch ein Nobelpreisträger werden?

Nein. Zum Teil hat es mit angeborenen Fähigkeiten zu tun, zum Teil mit der Tatsache, dass der Gewinn des Nobelpreises auch einer Portion Glück zu verdanken ist. Im richtigen Moment die richtige Forschung zu machen ist ein wichtiger Faktor. Und man muss den Ehrgeiz haben, ein bestimmtes Ziel zu verfolgen, das intrinsische Entdeckenwollen. Dieses Bedürfnis, zielgerichtet etwas zu verfolgen und Kontexte zu schaffen, haben nicht alle Menschen.

Ist ein hoher IQ gleichbedeutend mit einem hohen Entwicklungspotenzial?

Nein, das ist nur einer der Faktoren, wenn man Entwicklungspotenzial als beruflichen, akademischen oder monetären Erfolg versteht. Für alles, was wir tun, brauchen wir unterschiedliche Fähigkeiten, Intelligenz ist nur eine davon. Am wichtigsten ist die soziale Herkunft, der familiäre Hintergrund. Förderung durch die Eltern, Verständnis der Eltern, das soziale Netzwerk der Eltern, Selbstdisziplin – wenn das fehlt, kann man noch so intelligent sein und kommt doch nicht weit. Intelligenz ist nur dann hilfreich, wenn sie auch von bestimmten Umständen unterstützt wird. Abgesehen davon ist Intelligenz manchmal auch nicht gewünscht.

Wann nicht?

Manchmal ist es sozial inadäquat, eine intelligente Bemerkung zu machen. Als Intelligenz bezeichnen wir kognitive Fähigkeiten. Genauso wichtig, vor allem für das gesellschaftliche Potenzial eines Menschen, sind emotionale und soziale Intelligenz. Dazu gehört auch, zu wissen, wann es besser ist, zu schweigen.

Weshalb lernen wir besser, wenn wir in Bildern denken?

Weil Bilder direkt sind, sie bieten viele kontextuelle Informationen. Bildhafte Wörter werden sehr schnell gelernt: Der Hund, Wauwau. Ein Wort lediglich durch Hören lernen braucht sprachliche Kenntnisse. Bilder hingegen erkennen wir bereits früh. Der Unterschied zwischen etwas erkennen und von etwas Kenntnisse haben, bleibt relativ konstant über das ganze Leben bestehen. Auch Erwachsene lernen einfacher, wenn sie dazu sehen, hören, fühlen. Werden all diese Informationen miteinander verbunden, entsteht ein starker Eindruck.

Ist die Digitalisierung fürs Lernen Fluch oder Segen?
Ein Segen. Wichtig ist aber, das Lernziel im Auge zu behalten, selbst dann, wenn man Links folgt. Wenn man weiß, was man erreichen will, kann man dieses Ziel mit Links viel besser erreichen, als wenn man nur ein Blatt Papier mit Informationen vor sich liegen hat. Im Internet kann man sich die Informationen, die man gerade braucht, selber holen. Natürlich wird man nicht exakt wiedergeben können, was man alles gelesen hat, aber man erreicht das gesteckte Ziel. Was die Schule fördern muss, ist, die Wichtigkeit und die Qualität des Ziels zu definieren, statt den Weg dahin. Sie muss den Kindern Möglichkeiten bieten, den Weg zum Ziel zu entdecken und mit eigenen Mitteln dahin zu kommen.

Lernen Digital Natives anders als die Generationen davor? Lassen sie sich zum Beispiel im Internet weniger ablenken?
Die Gefahr besteht immer, dass man im Internet vom Ziel wegdriftet. Man kann mit Texten, die auf einem Blatt Papier stehen, das Lernen klarer steuern. Aber wenn man Kindern in der Schule ein klares Ziel vorgibt und sagt: »Versucht eine Lösung zu finden für dieses Problem«, dann können sie im Internet nach Lösungen suchen. Aber nicht nur via Wikipedia oder YouTube. Sie müssen überlegen, wo sie suchen, eine Suche allein darf nicht die vollständige Lösung liefern, nur einen Aspekt. Die anderen Aspekte müssen die Schülerinnen und Schüler auf anderen Websites oder vielleicht in Büchern oder auf Karten recherchieren.

Kinder und Jugendliche lesen heute weniger Bücher als früher. Wer viel liest, weiß sich auszudrücken. Wird der sprachliche Ausdruck verflachen?
Das wird man erst in Zukunft beurteilen können. Nur weil die Sprache auf Social Media teilweise sehr fragmentiert ist,

heißt dies noch lange nicht, dass sie überall, in jedem Kontext, so funktioniert. Man muss sie wie bisher der jeweiligen Situation anpassen. Manche können tolle Twitter-Nachrichten schreiben und sind auch gute Buchautorinnen. Nur weil man die eine Fähigkeit hat, ist die andere nicht ausgeschlossen. Gerade bei Jugendlichen passiert in der Sprache sehr viel, auch viele schöne Sachen.

Was zum Beispiel?
Es gibt theatralische Darstellungen, viele Jugendliche haben das Selbstvertrauen und das Selbstbewusstsein, etwas erzählen zu können.

Kurzbiografie Peter Klaver

Peter Klaver, geboren 1971 in Utrecht, Niederlande, studierte Psychologie an der Universität Groningen, promovierte an der Universität Magdeburg in Psychologie und Neurowissenschaften und habilitierte an der Universität Zürich. Heute leitet er an der Interkantonalen Hochschule für Heilpädagogik in Zürich das Zentrum Forschung und Entwicklung. Klaver forscht zu Grundlagen, zur Entwicklung und zu Störungen des Lernens, des Gedächtnisses und der höheren und visuellen Kognition im schulischen Kontext.
Peter Klavers Forschung: www.researchgate.net/profile/Peter_Klaver

09

»Wir sollten den Prinzipien der Intelligenz auf die Spur kommen.«

Pascal Kaufmann, Neurowissenschaftler und Unternehmer, arbeitet daran, den Brain Code zu entschlüsseln.

Hat künstliche Intelligenz Bewusstsein?

Aus meiner Sicht gibt es noch keine künstliche Intelligenz, und Bewusstsein verstehen wir noch weniger als den Begriff der Intelligenz. Selbst-Bewusstsein, sich selber denken können, die Augen schließen und eine virtuelle Welt entstehen lassen ist ein erheblicher Vorteil – fürs Überleben wie auch fürs Planen. Ich kann mir zum Beispiel vorstellen, was ich tun würde, wenn ich einem Löwen begegnete. Ich schließe die Augen und sehe, wie ich ihn beobachte, wie ich vielleicht um ihn herumkreise, was ich unternehme, um mich in Sicherheit zu bringen. Um das alles durchzuspielen, muss ich einem Löwen nicht leibhaftig begegnen. Auch künstliche Intelligenzen könnten dereinst mit Bewusstsein ausgestattet sein, wenn dies die Planung vereinfachte. Derzeit sind wir allerdings noch weit davon entfernt, Bewusstsein oder die Mechanismen dahinter zu verstehen.

Wie wollen Sie Maschinen Bewusstsein geben, wenn man nicht mal beim Menschen weiß, wie es entsteht und wie es funktioniert?
Es ist wie beim Vogel – wir wissen nicht im Detail, wie sein Federkleid beschaffen ist und wie man es kopieren könnte – und doch bauen wir Flugzeuge. Mich interessiert das Prinzip der Intelligenz, dafür muss ich vermutlich nicht genau wissen, was exakt in welcher Gehirnzelle untergebracht ist. Die Informationen, die wir von den Augen, den Ohren und der Nase erhalten, können wir reproduzieren: Wenn wir die Augen schließen und uns die Sinnesinformationen vorstellen, wissen wir, dass ähnliche Nervenbahnen aktiv werden, wie wenn wir tatsächlich hören, sehen oder riechen. Bewusstsein und reale Wahrnehmung scheinen ähnlichen Mechanismen zu unterliegen.

Wie stark werden Gehirn und Technik in Zukunft verschmelzen?
Einige Futuristen gehen davon aus, dass wir eines Tages auf den Augen eine kleine Linse tragen werden, die wie ein Teleprompter funktioniert, von dem wir relevante Informationen in Echtzeit ablesen können. Andere setzen auf Elon Musks Firma Neuralink, die bei Menschen ein feines Netz unter dem Schädel platzieren möchte, um damit direkt Informationen aus dem Cortex ablesen zu können. Weitere Ansätze verfolgen Stimulationen mit Laserlicht oder mit Magneten. Auch an Elektro-Implantaten forscht man schon seit Jahrzehnten.

Möchten wir wissen, was andere Menschen träumen, könnten wir Informationen abgreifen, die in den visuellen Zentren des Gehirns verarbeitet werden. Der visuelle Nerv besteht je aus etwa einer Million Fasern, das heißt, pro Sekunde kann nur relativ wenig Information durch ihn fließen, ein paar Megabyte vielleicht. Wir haben allerdings noch

Mühe, die Sprache des Gehirns oder auch das verwendete Datenformat zu verstehen.

Sie sprechen vom »Brain Code«, was ist das genau?
Der Brain Code ist Sinnbild für das Flügelprofil des Gehirns. Vor ein paar Hundert Jahren studierten Wissenschaftler Vögel und versuchten, diese nachzubauen, doch die Holzgestänge und Drahtgestelle wollten nicht so richtig abheben – das Prinzip des Fliegens, das so beschrieben werden kann, dass es dafür ein gewölbtes Flügelprofil braucht, das für den Auftrieb wichtig ist, kannten die Tüftler damals noch nicht. Der Stand der Hirnforschung scheint mir heute in einem ähnlichen Stadium zu sein. Mit dem Human Brain Project zum Beispiel wollte man Teile des Gehirns nachbauen, ohne die zugrunde liegenden Prinzipien zu kennen. Ich glaube, dass die Technologie noch lange nicht so weit sein wird, dass wir die Natur kopieren können. Wir sollten dem Flügelprofil des Gehirns auf die Spur kommen, den Prinzipien der Intelligenz. Dies ist für mich der Brain Code. Vermutlich ist unser Gehirn kein Computer und auch kein Uhrwerk, wie Wissenschaftler vor ein paar Hundert Jahren postulierten. Es scheint eher ein Superorganismus mit rund 100 Milliarden Akteuren, den Hirnzellen, zu sein. Diesen Akteuren könnten relativ einfache Regeln zugrunde liegen, verglichen mit einer Ameisenkolonie oder einem Fischschwarm. Irgendwann wird man in Biologiebüchern das Prinzip des menschlichen Gehirns und der Intelligenz nachlesen können. Noch wissen wir aber nicht, wann dies so weit sein wird.

Wie wollen Sie dem Brain Code auf die Spur kommen?
Ich glaube nicht, dass ein einzelnes menschliches Gehirn in der Lage ist, künstliche Intelligenz zu erschaffen. Vielleicht braucht es dafür zehn Gehirne oder 10 000. Mit den neuesten Kollaborationstechnologien sind wir zum ersten Mal in

der Menschheitsgeschichte in der Lage, Abertausende Wissenschaftler aus aller Welt zu vernetzen. Wenn sie dann auf ein einziges Thema fokussieren, könnten wir den Durchbruch schaffen und sogar den sogenannten Brain Code entschlüsseln.

Wie wirkt virtuelle Realität auf unser Gehirn?
Es gibt interessante Theorien, wonach die Entwicklung der Augen direkt die Entwicklung unseres Gehirns beeinflusst hat, insbesondere als die ersten Tiere das Wasser verließen. Mit virtueller Realität wird unsere Sicht der Dinge grundlegend erweitert. Wir haben nicht mehr nur einen Computer- oder einen Handyscreen vor uns, mit virtueller Realität verfügen wir über einen 360-Grad-Bildschirm. Weil der visuelle Sinn für unser Gehirn so wichtig ist, beeinflusst das unser Gehirn und damit auch unsere Kreativität. Kommt hinzu: Die virtuelle, simulierte Welt könnte später einmal interessanter sein als das, was wir in der realen Welt erleben. Wenn Sie auf den Malediven sind, die Füße im warmen Sand vergraben und beobachten, wie eine Wolke über den blauen Himmel zieht, ist dies sicherlich erholsam. Wenn nun aber dank virtueller Realität noch ein Drache vorbeifliegt oder Sie in einem Computergame mit Ihren Kollegen interagieren können, ist das spannend. Je nach Lust und Laune könnte man alle Arten von Szenarien in Echtzeit überall auf der Welt erleben – und dies mit einem wesentlich niedrigeren CO2-Abdruck, als wenn wir für Abenteuer und Erlebnisse rund um den Globus reisen. Menschen könnten an der virtuellen Welt viel mehr Spaß haben als an der tatsächlichen.

Was heißt das für das Zusammenleben?
Sich physisch treffen kann unglaublich kompliziert sein. Das kann übers Internet unabhängig von Distanzen viel einfacher bewerkstelligt werden – mit dem Unterschied, dass ich den

Menschen vis-à-vis nicht berühren kann. Aber ich berühre Sie ja jetzt auch nicht, wir könnten unser Gespräch auch in der virtuellen Welt führen. Das Zwischenmenschliche, Pheromone und der Geruch des Gesprächspartners, der uns vielleicht fehlen würde, brächten wir mit künstlichen, in Echtzeit produzierten Molekülen eines Tages hin. In Zukunft werden wir uns in der virtuellen Welt mindestens so gut austauschen können wie in der realen Welt.

Weshalb soll man einen solchen Aufwand betreiben, Moleküle produzieren und versprühen, wenn man sich persönlich treffen kann?

Weil persönliche Treffen eben gar nicht so einfach sind. Man muss einen gemeinsamen Termin finden, dann passt es dem einen nicht, der Termin wird verschoben. Virtuelle Realität bietet unendlich viele Möglichkeiten, die wir in der realen, biologischen Welt nicht haben. Ich bin seit über zwanzig Jahren großer Fan von Augmented- und Virtual-Reality-Brillen. Man kann heute die virtuelle Welt fast nicht mehr von der realen unterscheiden, in den vergangenen Jahren und auch in den vergangenen Monaten sind enorme Fortschritte passiert. Hat man sich einmal daran gewöhnt, dass man via Virtual Reality sechs Bildschirme vor sich hat, fühlt man sich mit nur einem Bildschirm fast ein bisschen nackt. Die virtuelle Welt kann süchtig machen, erste Ansätze sieht man in der Game-Industrie.

Der Neuropsychologe Lutz Jäncke sagt, der Mensch sei ein Gesellschaftstier, am wohlsten sei es ihm in kleinen Verbänden. Trägt künftig der Großteil der Menschen Virtual-Reality-Brillen, fallen die Verbände weg.

Auch das Gegenteil könnte passieren, und man hätte die Möglichkeit, Freunde aus viel mehr Gruppen und Verbänden zu wählen als heute. Auf Facebook habe ich Zehntausende

Freunde und Kontakte, viel mehr, als wenn ich unter der Dorflinde sitze und ein paar Menschen vorbeispazieren. Wir sind soziale Tiere, ja durchaus. Im Internet kann ich mir meine sozialen Kontakte maßschneidern. Ich bin mit Leuten befreundet, die ich interessant finde; will ich eine überraschende Bekanntschaft machen, setze ich den Zufallsgenerator ein, allerdings mit der Bedingung, mir keinen Psychopathen dazuzugesellen, oder jemanden, der meine Hobbys oder meinen Filmgeschmack teilt. Die Kriterien sind quasi beliebig wählbar. Ich muss mich kaum in der physischen Welt bewegen, um Sozialkontakte zu haben. Das macht die Begegnungen im realen Leben umso wertvoller, weil sie zu etwas Besonderem werden: Man trifft sich vielleicht nur noch mit Personen, mit denen man sich zuvor ausgetauscht und sehr gut verstanden hat. Ausgewählt hat man sie aus den Kontakten, die man weltweit geknüpft hat, also weit über die Stammes- oder Dorfgrenzen hinaus, die früher den sozialen Kontext definierten.

Kann künstliche Intelligenz mal so smart sein wie unser Gehirn?

Intelligenz passiert nicht nur im Gehirn, auch der Körper und die Umgebung spielen eine sehr wichtige Rolle. Wir bauen Bagger, die unsere Muskelkraft übertreffen, und Teleskope, die viel weiter sehen als unsere Augen; weshalb sollten wir nicht eine Maschine machen können, die intelligenter ist als wir selbst?

Ist diese Maschine auch schlagfertig, wird sie Humor haben?

Künstliche Intelligenz kann in den Gesichtszügen des Gegenübers Aufmerksamkeit erkennen, oft sogar schneller und zuverlässiger als ein Mensch. Ob wir es jemals schaffen, eine Maschine zu bauen, die dem Menschen in sehr vielen Aspekten ähnlich ist, wird die Zukunft entscheiden. Prinzipiell sehe ich keine physikalische Barriere, die dem entgegenstünde, außer dass die Biologie ungleich komplexer ist als das, was wir zurzeit verstehen oder bauen können.

Sprechen zwei Menschen miteinander, läuft vieles ungesagt mit. Wird eine Maschine dies genauso gut verstehen können?

Derzeit planen und bauen wir Roboter, welche in der Zukunft mit Kindern in die Primarschule gehen und mit ihnen zusammen lernen. Die Maschinen könnten den gleichen Ausbildungsprozess durchlaufen wie die Menschen, und hätten so die Möglichkeit, die Welt der Menschen viel besser kennenzulernen – und würden vielleicht sogar Humor verstehen. Wer weiß.

Können wir unser Gehirn irgendwann unsterblich machen, indem wir es als Software auf eine Materie hochladen?

Das ist die Computeranalogie; sie hat unser Verständnis zu den Prinzipien der Intelligenz eher behindert als gefördert. Vermutlich ist das Gehirn eben kein Computer. Auch fokussieren wir aus meiner Sicht zu stark auf das Gehirn, auf die einzelnen Gehirnzellen. Ein großer Teil unseres Seins und unseres Lebens wird auch durch unsere Gene bestimmt und durch die Interaktion von Abertausenden Proteinen. Es gibt sehr viele Tiere, welche keine Gehirnzellen haben und trotzdem ein ziemlich interessantes Verhalten zeigen. Ich glaube nicht, dass sich menschliche Intelligenz oder ein Organ wie das Gehirn auf einem USB-Stick konservieren lassen. Das Gehirn wurde auf unsere physische Welt zugeschnitten und optimiert und ist in ein hochkomplexes Zusammenspiel zwischen Körper und Umgebung eingebettet.

Sie haben 2012 zusammen mit Professor Rolf Pfeifer den humanoiden Roboter Roboy entwickelt. In ihm wurden unter anderem die neusten Erkenntnisse zu Embodied Intelligence umgesetzt. Was versteht man darunter?
Embodied Intelligence bedeutet, dass unsere Intelligenz einen Körper braucht. Mein Gehirn muss nicht genau berechnen, wie ich ein Glas halten muss, ich weiß es einfach, weil im menschlichen Bewegungsapparat zum Beispiel, was das Design der Hand betrifft, recht viel Intelligenz steckt. Das ist das eine. Das andere: Was wir mit unserem Körper erfahren, was wir hören, sehen, fühlen, bestimmt, welche Konzepte wir uns vorstellen können. Unser Denken hat sehr oft ein Pendant in der realen Welt. Fällt ein Apfel auf den Boden, sehen wir, dass er einen Hüpfer macht, und wir können uns eine abnehmende Schwingung vorstellen. Wir erfahren täglich, was passiert, wenn Objekte zusammenstoßen oder sich berühren – der zweite Körper bewegt oder verändert sich. Uns ist nicht immer bewusst, wie unsere physikalische Welt auch definiert und limitiert, welche abstrakten Dinge wir denken können. Würden wir auf einem Gasplaneten leben, wo alles herumblubbert und es praktisch keine festen Objekte gäbe, hätten wir Mühe, das Konzept von Aktion und Reaktion zu verstehen. Embodied Intelligence heißt aber auch, das Menschsein verstehen, wissen, was es heißt, einen Körper zu haben. »Er ist eine warmherzige Person, es ist schön, sich an ihn zu kuscheln«, das könnten wir nur schwer nachempfinden, wenn wir als Black Box in einem Computer stecken würden und auf die reale Welt schlussfolgern müssten. Und wir könnten es auch als Mensch ohne Körper nicht, auch nicht mit dem besten Gehirn. Ohne Körper fehlten uns die Sensoren, die die Informationen »warm« und »kuschlig« via Nervensystem ans Gehirn leiten. Ich glaube, dass Intelligenz aus der Interaktion von Körper, Umgebung und den physikalischen Gesetzen entsteht, es reicht nicht, ein Phäno-

men gesondert zu studieren. Roboy wurde als erster Vorbote einer neuen Generation von Robotern konzipiert, der den Körper und die Interaktion mit der Umgebung für die Erforschung der Intelligenz miteinbezieht und neueste Prinzipien quasi unmittelbar verkörperlicht. Um etwas zu verstehen oder Neues zu erschaffen, müssen Menschen die Prinzipien zuerst begreifen können – im wahrsten Sinn des Wortes.

Kurzbiografie Pascal Kaufmann

Pascal Kaufmann, 1978 in Zürich geboren, studierte an der ETH Zürich und an der Northwestern University in Evanston, USA, Neurowissenschaften. Zusammen mit Marc Vontobel gründete er 2010 die Firma Starmind für selbstlernende Wissensnetzwerke. Unter anderem entwickelt Starmind Technologien, mit welchen sich Mitarbeitende eines Unternehmens zu einem Superorganismus, einem Konzernhirn, vernetzen können. 2012 baute Kaufmann zusammen mit Rolf Pfeifer, Pionier für künstliche Intelligenz, und damaliger Direktor des KI-Labors der Universität Zürich, den humanoiden Roboter Roboy. 2017 gründete Pascal Kaufmann die Stiftung Mindfire. Mit dieser will er die Prinzipien künstlicher Intelligenz entschlüsseln und KI zum Wohle des Menschen bauen.
Pascal Kaufmanns Forschung: www.mindfire.global

10

»Menschen werden depressiv, nicht Gehirne.«

Felix Hasler, Pharmazeut, kritisiert die These der biologischen Psychiatrie, wonach psychische Störungen Erkrankungen des Gehirns sind. Er sagt, bis heute habe die Hirnforschung keine entsprechenden Marker gefunden.

Sind psychische Krankheiten Krankheiten des Gehirns?
Das ist ein großer Streitpunkt. Die neurowissenschaftliche Wende etwa zur Mitte der 1980er-Jahre führte dazu, dass man die traditionelle Unterscheidung zwischen neurologischen und psychiatrischen Erkrankungen aufgeben wollte. Man sagte, Emotionen, Kognition und Bewusstsein, das alles passiert ja im Gehirn, also seien alle Störungen, die darauf einwirkten, grundsätzlich Brain Disorders. Um die letzte Jahrtausendwende begannen die Wissenschaftler zunehmend von »neuro-psychiatrischen Krankheiten« zu sprechen. Sie sagten, es sei willkürlich zu unterscheiden, ob es sich bei einer bestimmten Erkrankung um eine neurologische oder eine psychiatrische Erkrankung handle. Ich finde, das stimmt eben genau nicht. Meiner Meinung nach gibt es sehr wohl

grundlegende Unterschiede zwischen neurologischen und psychiatrischen Erkrankungen.

Wie zeigen sich diese?

Während der ersten Welle der biologischen Psychiatrie im 19. Jahrhundert, der großen Zeit der Neuro-Anatomie, als der Großteil der Mediziner auch schon überzeugt war, bei psychiatrischen Krankheiten sei das Gehirn erkrankt, sezierten der deutsche Psychiater Wilhelm Griesinger und seine Kollegen Gehirne von verstorbenen Patienten und stellten fest: Man sieht nichts, es gibt weder bei einer Depression noch beim Irresein, wie die Schizophrenien damals genannt wurden, makroskopisch sichtbare Veränderungen. Ganz anders bei den meisten neurologischen Erkrankungen, bei Parkinson zum Beispiel oder bei Multipler Sklerose, hier sieht man sehr wohl Abweichungen von der normalen Gehirnstruktur. Hundert Jahre nach Griesinger begann sich die Suche weg von der anatomischen Läsion und hin zur funktionellen Veränderung zu verlagern. 1984 erschien das Buch *The Broken Brain*, geschrieben von der amerikanischen Psychiaterin Nancy Andreasen. Sie rief darin eine »neue Medizin des Geistes« aus, das Buch wurde zum Bestseller. Andreasen stellte in Aussicht, man könne künftig mithilfe der neuen bildgebenden Verfahren ins lebende Gehirn schauen und feststellen, was dort zum Beispiel bei einer Schizophrenie »zerbrochen« ist. Aus diesen Erkenntnissen heraus sollten sich dann rationale Ansätze für die Therapie ergeben. Schon seit Mitte der Neunzigerjahre wird besonders mit funktioneller Magnetresonanztomografie[1] im Gehirn von depressiven, bipolaren oder psychotischen Patienten nach Veränderungen auf funktioneller Ebene gefahndet. Aber auch die unzähligen fMRT-Untersuchungen, die seither durchgeführt wurden, haben keine Veränderungen gezeigt,

1 Abgekürzt fMRT

die man in anderen Experimenten zuverlässig hätte reproduzieren können. Eine Geschichte ist in diesem Zusammenhang besonders erwähnenswert. Auf MRT-Bildern von schizophrenen Patienten erkannte man, dass deren Hirnventrikel vergrößert waren. Das galt lange Zeit als das Paradebeispiel für eine nachweisbare neuropathologische Abweichung bei einer psychischen Störung. Man dachte, der zunehmende Verlust an zerebralem Cortex – also eine Gehirnschrumpfung – sei die Folge der Schizophrenie-Erkrankung. Aber so ist das nicht. Um 2011 haben verschiedene große Studien, unter anderem auch von Nancy Andreasen, gezeigt, dass höchstwahrscheinlich gar nicht die Erkrankung, sondern die verabreichten Medikamente für diese Gehirnveränderungen verantwortlich sind.[2] Die Dauer der Medikation und die Gesamtmenge der verabreichten Neuroleptika korrelierten hoch mit dem Verlust an grauer und weißer Substanz. Das ist ein bedenklicher Befund. Nancy Andreasens große Hoffnung, mit Methoden der Genetik und der Hirnforschung herauszufinden, wo das Gehirn bei psychischen Störungen »zerbrochen« ist und wie es zu reparieren sei, hat sich bis heute nicht mal ansatzweise erfüllt. Psychiatrische Diagnosen werden nach wie vor gestellt wie vor fünfzig Jahren: Durch das Gespräch mit dem Patienten und den Angehörigen. Der Mangel an relevanten Erkenntnissen zur Biologie von psychischen Störungen hat auch dazu geführt, dass seit Jahrzehnten kein einziges mechanistisch neues Psychopharmakon mehr auf den Markt kam. Sämtliche Medikamente, mit denen man psychische Störungen heute behandelt, waren ursprünglich Zufallsentdeckungen aus den Fünfziger- und Sechzigerjahren. Im Sinne von Me-too-, Me-better-Präparaten machte die Pharmaindustrie später lediglich eine Vielzahl von Abwandlungen der ursprünglichen Wirkstoffe.

2 B. Ho, N. Andreasen, S. Ziebell, R. Pierson, V. Magnotta: »Long-term antipsychotic treatment and brain volumes: a longitudinal study of first-episode schizophrenia«, *Archives of General Psychiatry 68* (2011), S. 128–137.

Noch ist nicht klar, wie das Gehirn zu reparieren sei, sagen Sie. Weshalb bekommen dann viele psychisch Kranke Medikamente verabreicht?

Es werden sogar immer mehr, die Verschreibungszahlen für Psychopharmaka nehmen Jahr für Jahr weiter zu.[3] Diese Medikamente zeigen durchaus Wirkung, aber nicht so, wie uns dies gerne erklärt wird. Nämlich, dass sie ganz zielgerichtet in einen bestimmten Regelkreis des Gehirns eingreifen und dort zum Beispiel ein Neurotransmitter-Defizit ausgleichen würden. Neuroleptika etwa wirken nicht spezifisch gegen Wahnvorstellungen bei Psychosen, diese sehr starken Beruhigungsmittel fahren einfach das ganze System herunter. Als Folge davon gehen häufig auch Halluzinationen und Wahnvorstellungen zurück. Für einen Menschen, der in einer akuten Psychose Höllenqualen leidet, weil er sich vom Teufel verfolgt glaubt, können Neuroleptika in diesem Moment eine große Hilfe sein.

Wie steht es mit den Antidepressiva?

Bei aller Kritik, die man in den letzten Jahren hört: Auch Antidepressiva haben natürlich einen Effekt – allerdings fällt dieser von Patient zu Patient sehr unterschiedlich aus. Schaut man Meta-Analysen an, gerechnet über alle Studien, die gemacht wurden, und nicht nur die veröffentlichten, stellte man bereits vor über zehn Jahren fest, dass bis zu 85 Prozent der Wirkung auch mit Placebo erreicht wurden.[4] Nur bei schwer und schwerst depressiven Patienten half das Medikament besser als Placebo. Die überwiegende Mehrzahl von

3 U. Schwabe, D. Paffrath, W. Ludwig, J. Klauber (Hg.): Arzneiverordnungs-Report, Heidelberg 2019.

4 I. Kirsch, B. Deacon, T. Huedo-Medina, A. Scoboria, T. Moore, B. Johnson: »Initial severity and antidepressant benefits: A meta-analysis of data submitted to the Food and Drug Administration«, *Public Library of Science Medicine* (2008) 5 (2): e45. doi:10.1371/journal.pmed.0050045

depressiven Erkrankungen lässt sich aus der persönlichen Biografie der Patienten heraus erklären. Menschen werden depressiv, nicht Gehirne! Nur eine sehr kleine Anzahl von Menschen, vielleicht drei bis vier Prozent aller Depressiven, ist erkrankt, obwohl es in ihrem Leben keinen ersichtlichen Grund, keine ungünstigen Ereignisse gibt, die das Auftreten der Krankheit erklären könnten. Diese Patienten sagen, dass Sie sich in Familie und Freundeskreis aufgehoben fühlen und auch ihre Arbeit gerne machen. Trotzdem werden sie bisweilen aus heiterem Himmel schwerst depressiv. In diesen wenigen Fällen ist es sicher vernünftig, eine Beteiligung der Biologie zu vermuten – und es auch mit Antidepressiva zu versuchen. Bei Psychopharmaka gibt es häufig eine große Diskrepanz zwischen der Selbstverständlichkeit, mit der sie in den Kliniken tagtäglich verabreicht werden, und dem gesicherten Wissen über deren pharmakologisch-mechanistische Wirkungsweise. Lithium ist ein gutes Beispiel. Schon in den Vierzigerjahren wurde entdeckt, dass Lithiumsalze ausgleichend auf Stimmungsschwankungen wirken können. Bis heute ist Lithium der wahrscheinlich am besten wirksame Stimmungsstabilisator bei bipolaren Erkrankungen. Aber bis heute hat man nicht herausgefunden, wieso Lithium eigentlich wirkt. Grundsätzlich kann eine kurzfristige Intervention mit Psychopharmaka hilfreich sein. Doch je länger die medikamentöse Behandlung andauert, desto problematischer wird die Sache. Bekommen Patienten zu lange Psychopharmaka verabreicht, kommt es nicht nur zu Medikamentenabhängigkeiten. Häufig wird die psychische Grunderkrankung chronisch – schlimmstenfalls bis hin zur Invalidisierung.

Was sind die Alternativen?

Psychotherapien sind die wichtigste Alternative, aber natürlich muss dies von Fall zu Fall entschieden werden. Innerhalb der psychiatrischen Versorgung gibt es einen großen Graben zwischen Menschen, die Common Mental Disorders haben, und Menschen mit schweren Störungen. An Common Mental Disorders, leichten bis mittelschweren Depressionen, Angst- und Zwangsstörungen, leiden die meisten von uns irgendwann mal, das ist gewissermaßen Bestandteil unserer condition humaine. Am anderen Ende des Versorgungsspektrums stehen Menschen mit schweren, schon früh auftretenden und oft chronisch verlaufenden Störungen: paranoide Schizophrenien, schizo-affektive Psychosen oder stark ausgeprägte bipolare Störungen, häufig in Kombination mit Alkohol- und Drogenmissbrauch. Menschen mit Common Mental Disorders werden vom medizinischen System oft überversorgt, sie bekommen vom Hausarzt schon wegen einer kleinen depressiven Verstimmung SSRI-Antidepressiva[5] verschrieben. Die schwer und chronisch psychisch Kranken hingegen sind häufig unterversorgt. Das sind die schwierigen Patienten, sie machen Ärger, sehen nicht ein, dass sie krank sind, und wollen ihre Medikamente nicht nehmen. Psychiater und Pflegekräfte stehen diesen Patienten oft hilflos gegenüber. Hier stößt das psychiatrische Versorgungssystem an seine Grenzen und viele der chronisch psychisch Kranken, die den größten Therapiebedarf hätten, landen in der Obdachlosigkeit.

Was wäre denn die richtige Behandlung?

Man kann natürlich nicht generell sagen, was im Einzelfall zu tun ist. Es kommt auf viele Faktoren an. Einem gesunden, jungen Mann, der in einer depressiven Phase steckt, hilft möglicherweise ganz einfach Ausdauersport. Das kann ausgezeichnet wirken, besser als Antidepressiva – und vor allem nachhaltiger. Anfangs muss sich der junge Mann wahrscheinlich überwinden, jeden Tag eine Stunde joggen zu gehen,

5 SSRI = Selektive Serotonin-Wiederaufnahmehemmer

aber schon bald wird er merken, dass es ihm guttut. Ist der depressive Patient aber schon 75 und hat möglicherweise eine Knieprothese, wird das mit dem Sport nichts werden. Aber auch für ihn gibt es Alternativen zu den klassischen Antidepressiva, pflanzliche Medikamente etwa. Dazu kommt das ganze Arsenal von Psychotherapien oder neuere Strategien wie die »Achtsamkeitsbasierte Stressreduktion«. Dafür gibt es schon Dutzende Apps für das Smartphone. Überhaupt wird die digitale Psychiatrie zunehmend wichtiger werden: Telepsychiatrie, Internet-Selbsthilfeforen und interaktive Videokonferenzen, das alles ist schwer im Kommen.

Das sind Alternativen bei Depressionen, welche gibt es bei schweren psychischen Erkrankungen?

Auch eine Erkrankung aus dem schizophrenen Formenkreis muss nicht zwingend mit Medikamenten behandelt werden. Fachleute und Angehörige sind ja häufig der Meinung, Schizophrenie sei eine dermaßen gravierende Erkrankung, dass sie nur mit Medikamenten behandelt werden könne. Das stimmt nur bedingt. Zwar sind in den Vierziger- und Fünfzigerjahren auch die Psychoanalytiker meist daran gescheitert, Schizophrenien auf der Therapiecouch zu heilen. Seit den Sechziger- und Siebzigerjahren gibt es aber gut wirksame alternative Konzepte aus dem Umfeld der Sozialpsychiatrie. Hier wird versucht, in der Behandlung ohne oder mit möglichst wenig Medikamenten auszukommen. Ich denke da etwa an die Soteria, eine kurzzeitige stationäre Behandlung von Menschen, die eine akute Psychose haben. In einem geschützten Rahmen und mit intensiver Betreuung können sie ihre psychotische Krise durchleben und warten, bis sie von selbst weggeht – was häufig auch passiert. Denn längst nicht immer bleiben Psychosen dauerhaft bestehen. Ein Drittel der Patienten erleidet nur einmal im Leben eine psychotische Episode, bei einem weiteren Drittel kehren die Psychosen immer mal wieder und bei einem weiteren Drittel ist der Verlauf chronisch.

Das Human Brain Project will das Gehirn simulieren, um dereinst Krankheiten besser behandeln zu können.

Das ist schon deshalb ein interessantes Projekt, weil es unter den Neurowissenschaftlern zu einem großen Streit geführt hat. Noch bevor das Human Brain Project bewilligt wurde, sagten die Kritiker: »Diesen Größenwahn könnt ihr nicht ernst meinen. Was ihr hier versprecht, könnt ihr niemals einhalten!« Die Befürworter konterten: »Wir müssen nur alle verfügbaren Forschungsdaten zusammenführen und damit das Gehirn im Großcomputer so realistisch wie möglich simulieren, dann wird uns gewaltige Rechenpower und künstliche Intelligenz erlauben, eine umfassende Theorie des Gehirns zu formulieren.« Das Projekt läuft nun schon seit einigen Jahren und um den »Mondflug der Hirnforschung« ist es erstaunlich ruhig geworden. Mit einer Milliarde Euro an EU-Forschungsgeldern wird bestimmt irgendetwas herauskommen, vielleicht eine neue Form von Programmiersprache, ein neues Speichermedium, innovative Machine-Learning-Algorithmen. Mit Sicherheit Millionen von bunten Bildern und beeindruckende Computeranimationen. Nur das Gehirn wird man immer noch nicht verstehen. Ursprünglich hieß es sogar, am simulierten Gehirn ließen sich später einmal neue Psychopharmaka auf ihre Wirksamkeit testen. Das ist absurd, denn wenn Pharmatests in klinischen Studien mit echten Patienten schon nicht klappen, mit welcher Begründung soll es dann im Computer funktionieren – auch wenn er über eine noch so beeindruckende Rechenleistung verfügt? Eine Computersimulation funktioniert immer dann, wenn ein System aufgrund der Vielzahl der beteiligten Faktoren komplex und im Zusammenspiel chaotisch ist, man aber die Grundprinzipien verstanden hat. Das beste

Beispiel dafür ist das Wetter. Die Meteorologen wissen, was bei bestimmten Wolkenverhältnissen passiert und wie groß die Wahrscheinlichkeit ist, dass es unter bestimmten Luftdruckverhältnissen regnet. Mit diesem Wissen und mit einer Menge an aktuellen und früheren Messdaten lässt sich per Computersimulation eine gute Wetterprognose errechnen, wenigstens für die nächsten zwei, drei Tage. Das geht aber nur, weil man weiß, wie das untersuchte System im Prinzip funktioniert. Genau das ist in der Hirnforschung aber noch nicht der Fall.

Der Psychiater und Psychiatriekritiker Marc Rufer sagt, psychiatrische Erkrankungen seien soziale Konstrukte. Hat er recht?

Diese Sichtweise stammt aus der marxistisch geprägten Wissenssoziologie der Sechzigerjahre. Ich stimme Rufers Aussage grundsätzlich zu, aber auch hier ist die Sache komplizierter. Das Leiden der Betroffenen ist real, der soziale Rückzug, die quälenden Verfolgungsängste, die Stimmen im Kopf, die Selbstmordgedanken, das sind keine Erfindungen des »Systems«, der Ärzte oder der Pharmaindustrie. Die Frage ist nur, wie sollen wir diese doch sehr besonderen Konstellationen des Leidens nennen? Hier kommt die soziale Konstruktion ins Spiel. Sprache macht bekanntlich etwas mit dem Menschen. Ganz besonders, wenn Betroffene und Angehörige die Diagnose »Schizophrenie« zu hören bekommen. Es sei geradezu eine »Vernichtungsdiagnose«, sagt der niederländische Psychiater Jim van Os. Hier gäbe es alternative Vorschläge bis hin zur Idee, psychiatrische Diagnosen ganz aufzugeben. Das ist sicher bedenkenswert, genauso, wie man auch darüber nachdenken kann, ob die Psychiatrie zwingend innerhalb der Medizin angesiedelt sein muss. Psychiatriediagnostik ist schließlich auch keine typische medizinische Wissenschaft mit klinischen Diagnosemarkern wie Blutwerten, MRT-Befunden oder EKG-Daten. Psychiatrische Diagnosen sind ein reiner Expertenkonsens. In der Regel sind es weiße, amerikanische Männer, organisiert in der American Psychiatric Association, die das einflussreiche DSM[6] zusammenstellen, die Bibel der Psychiatriediagnostik. Dies geschieht durch Abstimmen: Ist X ein eigenständiges Krankheitsbild und wenn ja, gehören dazu die Symptome A, B und C? Dass der Psychiatrie die biologischen Marker fehlen, ist eines ihrer größten Probleme – zumindest was die Wissenschaftlichkeit des Fachs angeht. Psychiatrische Diagnosen sind einigermaßen willkürlich. Und viele Vertreter der Biologischen Psychiatrie sagen: »Genau weil die Diagnosen so willkürlich sind, finden wir eben nichts, wenn wir im Gehirn nach ihren biologischen Korrelaten suchen.« Was das bedeutet, lässt sich am Beispiel des National Institute of Mental Health (NIMH) illustrieren. Das Institut gehört zum US-Gesundheitsministerium und ist der weltgrößte Sponsor von biologischer Forschung in der Psychiatrie. Weil auch nach Jahrzehnten der biologischen Forschung für die psychiatrische Praxis nichts klinisch Relevantes herausgekommen war, standen die Wissenschaftsbeamten des Instituts vor einer schwierigen Entscheidung: Entweder wir wenden uns von der Hirnforschung ab oder wir geben die psychiatrische Diagnostik auf, so wie sie gegenwärtig praktiziert wird. Schon 2011 war die Entscheidung gefallen: »We trust in the Brain, not in DSM.«

Was bedeutet das für die Zukunft?

Das NIMH führte damals die Research Domain Criteria-Initiative ein. Das hieß, die Forscher sollen die Psychiatriediagnostik komplett vergessen und gewissermaßen noch einmal neu beginnen. Das Prinzip ist folgendes: Nehmt alle Patienten, die mit psychischen Beschwerden in die Klinik

6 Diagnostic and Statistical Manual of Mental Disorders

eingeliefert werden, und macht möglichst umfassende Genetik- und Neuroimaging-Studien mit ihnen. Später werden alle gesammelten Daten gemeinsam analysiert, Stichwort Big Data, und daraus lassen sich dann objektive Befunde erheben. Das Ziel ist eine Klassifikation der Patienten aufgrund ihrer Hirnbefunde und ihrer Genetik. Das ist zwar ein wirklich innovativer Ansatz, aber er wird höchstwahrscheinlich auch nicht funktionieren. Weil im Gehirn die einzelnen Funktionen eben nicht wie bei einem Schweizer Armee-Taschenmesser schön säuberlich voneinander getrennt sind. Wenn es kognitiv anspruchsvoll wird – und wer würde das bei einer psychischen Störung bestreiten –, ist immer das gesamte Gehirn beteiligt. Und auch der ganze Rest des Körpers. Den meisten Neurowissenschaftlern ist längst klar geworden, dass es wenig Sinn macht, bei einer psychischen Erkrankung das Gehirn als isoliertes Organ im Labor zu untersuchen.

Aus all Ihren Ausführungen folgt, dass Menschen mit einer psychiatrischen Erkrankung dringender noch als andere Patienten darauf angewiesen sind, eine gute Ärztin zu haben.

Das ist genau der Punkt, ja. Denn auf die Willkürlichkeit der Diagnose folgt oft die Willkürlichkeit der Therapie. Je nachdem, wie ein Patient erstinstanzlich behandelt wird, kann das weitere Leben komplett anders verlaufen. Wenn ich mit depressiven Symptomen zum Hausarzt gehe und der mir nach zehn Minuten Gespräch Selektive Serotonin-Wiederaufnahmehemmer verordnet, bin ich, wenn ich Glück habe, nach ein paar Wochen die Depression wieder los und kann das Medikament absetzen. Wenn das Antidepressivum bei mir aber nicht wirkt, ich starke Nebenwirkungen bekomme, nicht mehr schlafen kann, angetrieben und rastlos bin, komme ich ganz leicht in die Psychopharmaka-Mühle. Der Arzt verschreibt mir nun auch noch Benzodiazepine zur Beruhigung und eine »Z-drug«[7] zum Schlafen. Möglicherweise löst mein Antidepressivum irgendwann eine hypomanische Phase aus. Dann heißt es: »Ah, Sie sind ja gar nicht depressiv, sondern bipolar«, und ich bekomme – mittlerweile bin ich wahrscheinlich beim Psychiater gelandet – auch noch einen Stimmungsstabilisator. Ein Medikament kommt zum anderen, im schlimmsten Fall sind es bald fünf oder sechs, sodass ich komplett übermediziert bin, obwohl meine Symptome ursprünglich mild waren und eine solche Behandlung niemals rechtfertigen würden. Um bei diesem Beispiel zu bleiben: Wäre ich zuerst bei einem anderen Hausarzt gelandet, der gesagt hätte: »Wir warten erst mal ab, überlegen Sie sich, ob Sie eine Psychotherapie machen wollen oder vielleicht eine Analyse«, kann es sein, dass die Depression – oft auch ganz von alleine – nach zwei, drei Wochen wieder vergangen wäre. Und sollte ich mich für den psychotherapeutischen Ansatz entscheiden, kann ich auch noch etwas über mich selbst lernen, über mein Leben und wie ich es vielleicht besser führen könnte.

Es gibt aber auch Patienten, die nicht abwarten wollen.

Natürlich ist es nicht so, dass Hausärzte und Psychiater immer sofort Medikamente verschreiben. In Deutschland sagen seit 2015 sogar die offiziellen ärztlichen Leitlinien, dass bei mild ausgeprägten Depressionen Antidepressiva nicht mehr Mittel der ersten Wahl sein sollen. Aber ja, es gibt tatsächlich viele Patienten, die mit der Vorstellung eines Quick Fix zum Arzt gehen: »Finden Sie heraus, was ich habe, und sorgen Sie dafür, dass es schnell weggeht.« Und sie verlangen gleich selbst nach den Medikamenten, die ihren vermeintlichen Serotoninmangel im Gehirn beheben. So läuft das aber nicht – oder höchstens im Ausnahmefall. Abgesehen von

7 Die mit den Benzodiazepinen verwandten Wirkstoffe Zopiclon, Zolpidem und Zaleplon.

akuten Trauma-Erfahrungen, entwickeln sich psychische Störungen in aller Regel über Monate, Jahre oder gar Jahrzehnte hinweg. Die Symptome sind dann nur die Endstrecke eines langen Prozesses. Auch wenn Psychopharmaka kurzfristig helfen können, führt kein Weg daran vorbei, sich intensiv mit sich selbst und der eigenen Lebensführung auseinanderzusetzen.

Wenn depressive Menschen Botox in die Stirn gespritzt bekommen, lindert dies bei manchen die Depression.[8] Was passiert hier?

Bei Depressionen scheint es ziemlich egal zu sein, was genau man tut, immer findet man Ansprechraten etwa zwischen dreißig bis fünfzig Prozent. Man kann Tageslichtlampen aufstellen, Sport treiben, Botox-Spritzen bekommen, Medikamente nehmen, Waldspaziergänge oder eine Elektrokrampftherapie machen. Man hat bei allen Interventionen immer ungefähr ähnliche Ansprechraten. Die große Frage ist: Was ist es denn, was wirkt? Wir wissen es nicht. Alle diese erwähnten Trigger – Medikamente, Botox, Sport und so weiter – können vielleicht über verschiedene Mechanismen versteckte Resilienz-Faktoren aktivieren und dadurch dem Betroffenen helfen, die Depression zu überwinden. Aber letztlich ist das noch ein Rätsel.

Wo im Gehirn sitzt das Unbewusste?

Wir wissen ja noch nicht einmal, wo das Bewusstsein sitzt. Sollte die Hirnforschung diese große Frage einmal geklärt haben, kann man sich auch auf die Suche nach den neurobiologischen Korrelaten des Unbewussten machen. Freud selbst war ja ein großer Freund der Hirnforschung. Er dachte sei-

8 A. Wollmer, C. de Boer, N. Kalak et al.: »Facing depression with botulinum toxin: A randomized controlled trial«, *Journal of Psychiatric Research,* Volume 46, Issue 5, S. 574–581.

nerzeit, man habe einfach die Technologien noch nicht, um das Unbewusste im Gehirn zu lokalisieren. Deshalb entwickelte er, quasi als Übergangslösung, die Psychoanalyse als Zugang zu den verdrängten Konflikten. Allerdings mit der Idee, dass man alles eines Tages werde wissenschaftlich nachweisen können. Ich habe einige Jahre lang Halluzinogenforschung an der Psychiatrischen Universitätsklinik Zürich gemacht. Interessant ist, dass halluzinogene Substanzen Bewusstseinszustände hervorrufen, die ganz wach und klar und gleichzeitig traumähnlich sind und in denen zutiefst archaische Dinge hochkommen können. Mit LSD und Psilocybin scheint man einen direkten Zugang zu unbewussten Mechanismen zu bekommen. Was genau dabei im Gehirn passiert: keine Ahnung.

Gibt es im Gehirn Raum für eine Seele?

Die zeitgenössische Hirnforschung sagt dazu: Nein, auf gar keinen Fall. Bewusstsein ist das Ergebnis der einmaligen biophysikalischen Prozesse unseres Gehirns: Mind is, what the brain does! Den alten Körper-Seele-Dualismus glaubt die Hirnforschung längst wissenschaftlich widerlegt zu haben. Wer heute noch an die Existenz einer autonomen Seele glaubt, muss sich den Vorwurf gefallen lassen, ein »naiver Realist« aus Zeiten vor der Aufklärung zu sein. Viele Philosophen sehen dies freilich ganz anders. Und auch unter den Neurowissenschaftlern ist eine Art doppelte Buchführung nicht ungewöhnlich. Im wissenschaftlichen Arbeitskontext würde kaum jemand von einer Seele reden, privat kann man sich diese natürlich trotzdem zusprechen. Wenn ein Hirnforscher Liebeskummer hat, denkt er ja auch nicht, dass er gerade als Folge einer aversiven sozialen Erfahrung an einer Dysbalance seiner affektverarbeitenden Netzwerke im limbischen System leidet.

Kann es ein Leben nach dem Tod geben, obwohl das Bewusstsein mit dem Tod erlöscht?

Übernimmt man die etablierte Sichtweise der Neurowissenschaften, dann ist das völlig ausgeschlossen. Wenn das letzte Neuron im Gehirn des Menschen seine Aktivität aufgegeben hat, ist der Mensch medizinisch gesehen hirntot, das Bewusstsein unwiederbringlich erloschen und das wars. Es wird auch immer wieder betont, es gäbe – leider – keinerlei Hinweise darauf, dass nach dem biologischen Tod noch irgendetwas sein könnte. Darin zeigt sich eine gute Portion Arroganz – wie wollen wir denn mit Sicherheit wissen, was nach dem Tod ist? Gerade die umfangreiche Forschung zu Nahtoderfahrungen[9] lässt ahnen, dass es vielleicht auch ganz anders sein könnte.

Hat sich die Neurowissenschaft schon mal mit Menschen befasst, die sich als Medium ausgeben und sagen, sie könnten mit Verstorbenen Kontakt aufnehmen?

Solche Untersuchungen werden von den meisten Hirnforschern tunlichst gemieden. Themen aus dem Gebiet der »Anomalistik« gelten als unseriös und pseudowissenschaftlich. Und sind der eigenen Karriere definitiv nicht zuträglich. Eine Ausnahme gibt es hier allerdings. In Freiburg im Breisgau gibt es das Institut für Grenzgebiete der Psychologie und Psychohygiene, dort beschäftigt man sich schon seit den Fünfzigerjahren mit paranormalen Phänomenen, mit Spuk zum Beispiel oder mit Leuten, die Vorahnungen haben. Aber auch die Psychologen und Neurowissenschaftler am Freiburger Institut kämpfen mit den Vorurteilen der meisten ihrer

9 Der niederländische Kardiologe Pim van Lommel erforscht Nahtod-Erfahrungen. Er vertritt die These, dass das Bewusstsein über den Tod hinaus existiert. Lommel sprach mit Tausenden von Menschen, die von ihren Nahtoderfahrungen berichteten und machte Studien. Die Ergebnisse seiner wissenschaftlichen Untersuchungen hat er im Buch *Endloses Bewusstsein. Neue medizinische Fakten zur Nahtoderfahrung* veröffentlicht (2009).

Wissenschaftlerkollegen. Anomalistik-Phänomene gelten in der Regel als Betrug, psychologische Täuschung oder als Fehlinterpretation. Die immerwährende Kritik hat aber schon früh dazu geführt, dass die Anomalistik-Forscher methodisch extrem robuste und kaum zu manipulierende Versuchsanordnungen entwickelt haben. Wenn Versuchspersonen zum Beispiel in einem Experiment Zahlenfolgen vorhersagen sollen, werden die Zielzahlen von Zufallsgeneratoren gebildet, die dafür echte radioaktive Zerfallsvorgänge nutzen. Da gibt es beim besten Willen nichts mehr zu manipulieren, auch nicht unbewusst. Und selbst unter diesen strengen experimentellen Bedingungen lassen sich oftmals Phänomene nachweisen, für die es keine wissenschaftlich akzeptierte Erklärung gibt. Das ist schon interessant.

Wie lässt die Materie Gehirn eine sinnliche Welt entstehen?

Das ist nach dem australischen Philosophen David Chalmers das unlösbare Hard Problem of Consciousness:[10] Selbst wenn Wissenschaftler in zehn Generationen oder in tausend Jahren sämtliche Hirnprozesse bis auf Quantenniveau herunter verstehen könnten, sagt Chalmers, so wären sie immer noch nicht in der Lage zu erklären, wie es ist, eine frische, rote Erdbeere zu essen.

10 »The Hard Problem of Consciousness« bezeichnet das Problem, zu erklären, weshalb und wie Hirnprozesse wie Sehen, Hören, Fühlen von Erleben begleitet sind.

Kurzbiografie Felix Hasler

Felix Hasler, geboren 1965, studierte Pharmazie an der Universität Bern und promovierte dort 1997. Von 1999 bis 2010 führte er in der Arbeitsgruppe Neuropsychopharmakologie und Brain Imaging an der Psychiatrischen Universitätsklinik Zürich Untersuchungen zu Modellpsychosen und der Pharmakologie halluzinogener Substanzen durch. Danach folgte ein Forschungsaufenthalt am Max-Planck-Institut für Wissenschaftsgeschichte in Berlin. Heute arbeitet er als Research Fellow an der Berlin School of Mind and Brain der Humboldt-Universität zu Berlin und ist Gastwissenschaftler am Max-Planck-Institut für Kognitions- und Neurowissenschaften in Leipzig. Hasler ist auch als Wissenschaftsjournalist tätig. 2012 veröffentlichte er das Buch *Neuromythologie. Eine Streitschrift gegen die Deutungsmacht der Hirnforschung.* Hasler kritisiert darin den weit verbreiteten biologischen Reduktionismus und plädiert für mehr Skepsis gegenüber den Neurowissenschaften. Gegenwärtig arbeitet Hasler am Buchprojekt *Endstation Hirn. Aufstieg und Fall der Biologischen Psychiatrie.*

11

»Wir können uns nicht alles merken, was wir im Leben getan, gegessen, getrunken oder verpasst haben.«

Die Psychologin Jessica Peter erforscht das alternde Gehirn. Sie sagt, weshalb wir vergessen müssen und was das Gehirn von älteren Menschen besser kann als das von jungen.

Weshalb werden Menschen vergesslich?
Dazu muss man zunächst wissen, dass es verschiedene Arten von Gedächtnis gibt. Wir haben das episodische Gedächtnis, in dem wir Erinnerungen an persönliche Ereignisse speichern, zum Beispiel an unseren letzten Urlaub. Daneben gibt es das semantische Gedächtnis, dank diesem wissen wir, dass Bern die Hauptstadt der Schweiz ist. Wir erinnern uns nicht mehr, wann und wie wir das gelernt haben, aber wir wissen, dass es so ist. Wir sprechen von einer Kenntnis. Grundsätzlich verlieren wir Kenntnisse nicht so leicht wie episodische Erinnerungen. Im Laufe des Lebens gibt es jedoch im Gehirn Abbauprozesse, die zum Vergessen beitragen oder zu einer Störung der Aufmerksamkeit führen. Auch zu viel Alkohol schadet dem Gedächtnis. Wir können aber nicht sagen, wenn

dies oder das passiert, werden wir vergesslich. Es gibt viele verschiedene Faktoren, die miteinander spielen und ineinandergreifen. Abgesehen davon müssen wir vergessen können. Würden wir uns alles merken, was wir im Leben getan, gegessen, getrunken oder verpasst haben, könnten wir im Alltag nicht mehr funktionieren. Stellen Sie sich vor, Sie müssten entscheiden, was Sie am Abend kochen wollen, und würden sich sofort an alle Gerichte erinnern, die Sie jemals in Ihrem Leben gegessen haben. Die Entscheidung für das Abendessen würde eine enorme Zeit in Anspruch nehmen. Besser ist doch, wenn Sie im Gedächtnis vor allem Ihre Lieblingsgerichte speichern.

Gehen wir von einem gesunden Gehirn aus, von der ganz normalen Vergesslichkeit – hat diese allein mit dem Alterungsprozess zu tun?

Nur teilweise. Bestimmte kognitive Funktionen bauen im Alter ab; so werden ältere Menschen zum Beispiel zusehends langsamer und steuern ihre Aufmerksamkeit schlechter. In manchen Dingen aber übertreffen sie Jüngere, zum Beispiel mit ihrem Wissen, das sie im Lauf ihres Lebens erworben haben. Neue Informationen aber können wir uns im Alter meist nicht mehr so gut merken.

Wie altert das Gehirn?

Nervenzellen sterben im Grunde über das gesamte Leben ab, nicht nur im Alter. Neben den Nervenzellen selbst sind aber vor allem die Verbindungen zwischen den Nervenzellen wichtig und diese bilden sich immer dann neu oder verstärken sich, wenn wir etwas lernen, das ist auch im Alter der Fall. Deshalb können auch bei älteren Menschen noch Hirnregionen wachsen.

Sieht man dem Gehirn sein Alter an?

Wahrscheinlich kann ein 20-jähriges Gehirn meist gut von einem 70-jährigen unterschieden werden. Ich glaube, deutlich schwieriger wäre es, zwischen einem 20- und einem 25-jährigen Gehirn zu unterscheiden, Veränderungen in dieser Zeitspanne sind sehr subtil. Allerdings muss man beachten, dass Gehirne grundsätzlich unterschiedlich aussehen, zwei gleichaltrige Menschen haben nicht zwingend ein ähnliches Gehirn.

Welche Unterschiede zeigen sich zwischen einem jungen und einem alten Gehirn?

Das ältere Gehirn zeigt vielleicht Spuren von kleinen Schlaganfällen oder wir sehen Einlagerungen in den Arterien, eine Arteriosklerose. Die graue Substanz hat nicht mehr dieselbe Masse wie in jungen Jahren, die Ventrikel, die Hohlräume, die mit Gehirnwasser gefüllt sind, erweitern sich. Diese Unterschiede können Personen, die sich täglich mit dem Gehirn beschäftigen, zum Beispiel Neuroradiologen, sicher gut erkennen. Ich würde mir nicht zutrauen, aufgrund eines MRT-Bildes zu sagen, wie alt das abgebildete Gehirn ist.

Ab welchem Alter nimmt die Leistung des Gehirns ab?

Das hängt davon ab, was man unter Leistung versteht. In Dingen, die auf Wissen und Erfahrung gründen, sind wir im Alter besser. Für anderes gilt: Bereits ab 25 Jahren nimmt die Leistung langsam ab. Man weiß aber inzwischen, dass sich ältere Menschen bezüglich ihrer kognitiven Leistungsfähigkeit stärker voneinander unterscheiden als jüngere. Der Lebensstil scheint hier eher einen Einfluss zu haben.

Wie können wir das Gehirn möglichst lange jung erhalten?

Mit gesunder Ernährung, viel Bewegung, Zusammensein mit anderen Menschen und immer wieder neuen Herausforderungen. Die Schweizer mit ihrer Vielsprachigkeit haben es in dieser Beziehung gut. Fahren sie nach Genf, müssen sie Französisch sprechen, gehen sie ins Tessin, hören sie Italienisch. Dieses ständige Umstellen auf andere Sprachen hält das Gehirn fit. Wir neigen alle dazu, uns mit dem zu beschäftigen, was wir bereits gut können, und meiden oft, was wir nicht kennen. Aber es sollte genau andersrum sein. Wir sollten uns in Situationen begeben, die uns ein bisschen Angst machen, weil sie neu sind. Das gibt uns die Möglichkeit, zu wachsen und Dinge zu meistern, und zusätzlich stärken sich so Verbindungen im Gehirn. Jedes Mal, wenn uns das gelingt, trauen wir uns ein nächstes Mal noch ein wenig mehr zu. Wenn wir eine Herausforderung scheuen, lohnt es sich, zu überlegen: Was macht mir Angst? Und wie wahrscheinlich ist es, dass sich meine Ängste bewahrheiten?

Was zeichnet Super-Ager aus, Menschen, die mit über achtzig eine Gedächtnisleistung haben wie 50- oder 60-Jährige?

Fragt man Super-Ager, was sie in ihrem Leben alles getan haben, sagen sie, sie hätten sich mit vielen Dingen beschäftigt, sich für vieles interessiert, seien oft gereist, hätten einen großen Freundeskreis und immer wieder neue Kontakte geknüpft. Sicher spielen auch gute Gene und Glück eine Rolle. Und natürlich ein gesundes Leben. Nicht rauchen, nicht zu viel Alkohol trinken, möglichst wenig Medikamente nehmen und abwechslungsreich essen. Mit viel Olivenöl und viel Fisch, die mediterrane Ernährung scheint dem Gehirn gut zu bekommen, in Südeuropa zum Beispiel werden Menschen häufig alt.

Was passiert bei einer Demenzerkrankung im Gehirn?

Das hängt von der Art der Demenzerkrankung ab. Bei der Alzheimer-Demenz, der häufigsten Demenzform, schrumpft

Gehirnmasse, es gibt weniger graue Substanz. Eiweißablagerungen entstehen, die Plaques, und es gibt Verklumpungen, das sind die drei klassischen Merkmale. Bei der vaskulären Demenz ist das Gehirn nicht mehr so gut durchblutet. In den Arterien bilden sich Ablagerungen, immer wieder gibt es kleine Schlaganfälle. An dieser Demenzart leiden vor allem Menschen mit zu hohem Blutdruck oder mit Übergewicht. Es gibt Mischformen dieser beiden Arten und es gibt auch die frontotemporale Demenz. Bei dieser Erkrankung verändert sich meist das Verhalten der Erkrankten, das Gedächtnis hingegen bleibt häufig vergleichsweise gut erhalten.

Erkranken bei Demenz alle Gehirnareale?

Bei der Alzheimer-Demenz treten sowohl die Plaques wie auch die Verklumpungen erst nur in bestimmten Bereichen auf. Je weiter die Erkrankung fortschreitet, desto mehr Gehirnareale sind betroffen. Im Hippocampus, der für die Gedächtnisbildung wichtig ist, zeigen sich die Abbauprozesse früh. Die Überführung von Informationen vom Kurzzeit- oder Arbeitsgedächtnis ins Langzeitgedächtnis ist gestört, deshalb können neue Inhalte nicht mehr gespeichert werden. Die Erkrankten werden vergesslicher, leben zusehends in ihrer eigenen Welt. Neues können sie sich nicht mehr merken, ihr Neugedächtnis ist gestört. An Dinge, die sie früh im Leben gelernt haben, können sie sich aber meist noch lange erinnern, das Altgedächtnis funktioniert nach wie vor.

Kann man einer Demenz vorbeugen?

Das ist eine schwierige Frage. Es heißt immer, ein gesunder Lebensstil helfe vorbeugen. Aber es gibt keine ultimativen Tipps, die man befolgen könnte, um garantiert nicht an einer Demenz zu erkranken. Die vaskuläre Demenz kann man zu vermeiden versuchen mit gesunder Ernährung, nicht rauchen, nicht täglich Alkohol trinken, nicht zu viel Übergewicht zulegen. Man kann aber auch alles richtig machen und erkrankt trotzdem an Demenz.

Kurzbiografie Jessica Peter

Jessica Peter, geboren 1978, studierte Diplom-Psychologie an der Universität Bamberg. Nach Abschluss ihrer Doktorarbeit in Freiburg im Breisgau arbeitete sie dort weitere zwei Jahre lang als Postdoc. Seit 2018 leitet sie eine eigene Arbeitsgruppe an den Universitären Psychiatrischen Diensten Bern UPD. In der Universitätsklinik für Alterspsychiatrie und Psychotherapie forscht sie zum alternden Gehirn, speziell zu Vergesslichkeit. Sie interessiert sich besonders für die Modulation von kognitiven Funktionen bei älteren Menschen. Sie untersucht, wie nicht-invasive Hirnstimulation – etwa transkranielle Gleichstromstimulation – und Echtzeit-Neurofeedback, basierend auf funktioneller Magnetresonanztomografie, die Gedächtnisfunktionen beeinflussen.
Jessica Peters Forschung: www.tinyurl.com/jessicapeter

12

»Der Darm ist wie ein Sinnesorgan für das Gehirn.«

Der Psychiater Gregor Hasler untersucht die enge Verbindung zwischen Darm und Gehirn und erklärt, weshalb Essen für den Körper eine Tortur ist.

Das Gehirn und der Darm stehen in engem Kontakt zueinander, Sie haben dazu das Buch *Die Darm-Hirn-Connection*[1] geschrieben und sagen, das Gehirn sei aus dem Darm entstanden. Wie ging das vor sich?

Die Polypen, evolutionär ganz alte Lebewesen, sind Keimblätter, um die sich andere Keimblätter wickelten und so ein Nervensystem entstehen ließen, das Darmnervensystem. Bei Lebewesen entwickelte sich die erste Nervenzellansammlung um den Mund, dort, wo Nahrung aufgenommen wird. Die Zellen gruppierten sich, wurden dichter und dichter und irgendwann entstand aus dieser Gruppe ein Ganglion, eine Ballung von Nervenzellkörpern, und später das Gehirn. Bis heute sind Darm und Gehirn in vielerlei Hinsicht ein Organ. Das zeigt sich etwa daran, dass es im Darm und im Gehirn

1 Gregor Hasler: *Die Darm-Hirn-Connection. Revolutionäres Wissen für unsere psychische und körperliche Gesundheit* (2019).

die gleichen Botenstoffe gibt. Und mit dem Vagus-Nerv, der im Gehirn entspringt und zu Magen und Darm führt, haben wir eine direkte Verbindung von unten nach oben.

Es gibt eine Reihe von Büchern über den Vagus-Nerv. Was macht ihn so speziell?

Zum einen, dass er Gehirn und Darm miteinander verbindet und wegen seines Verlaufs durch unseren Körper auch unsere Stimme, unser Gehör und unsere Mimik beeinflusst. Für mich symbolisiert er die Ganzheit zwischen Körper und Geist. Zum anderen erkannte bereits Freud, dass es in uns ein seltsames Zusammenspiel zwischen vegetativem Nervensystem[2] und Sozialem gibt. Wenn uns im Zusammenleben mit anderen etwas nicht passt, kann uns übel werden, oder wenn wir jemanden nicht mögen, sagen wir, »ich kann den nicht riechen«.

Sie schreiben in Ihrem Buch von der Darm-Hirn-Connection und nicht von der Hirn-Darm-Connection. Ist die Verbindung von unten nach oben die bedeutsamere?

Was die Körperwahrnehmung betrifft, ja. Der Darm ist wie ein Sinnesorgan für das Gehirn. Er überbringt ihm via Vagus-Nerv viele Auskünfte. Neuste Forschungen von 2019 zeigen, dass der Vagus-Nerv Fühler in den Darminhalt hat, sie reichen bis zum Epithel, der Gewebeschicht, die den Darm von seiner Umgebung abgrenzt. Das zeigt: Das Gehirn will wissen, was unten läuft. Allein schon, weil achtzig Prozent des Immunsystems im Darm sitzen.

2 Das vegetative Nervensystem steuert lebenswichtige Funktionen wie Atmung, Verdauung, Blutdruck; aber auch Speichelfluss und die Schweißdrüsen. Es setzt sich zusammen aus Sympathikus, Parasympathikus und dem Eingeweidenervensystem. Der Sympathikus reagiert auf Reize aus der Umwelt, er wird auch als Stressnerv bezeichnet. Droht etwa Gefahr, mobilisiert er all unsere Ressourcen. Der Parasympathikus, auch Ruhenerv genannt, bekommt viele Informationen via Vagus-Nerv aus dem Darm geliefert.

Wegen der Nahrung, die wir von außen aufnehmen?

Die meisten Substanzen, die Krankheiten verursachen können, gelangen durch den Darm in den Körper. Das Darmgehirn begutachtet also die Nahrung, die wir aufgenommen haben. Mithilfe des Immunsystems erkennt es, ob sie bekömmlich ist oder giftig und ob fremde Erreger da sind. Viele der Autoimmunkrankheiten entstehen im Darm. Und auch Depressionen können vom Darm ausgehen, ausgelöst von Zytokinen.[3] Wir alle haben schon mal eine Zytokinflutung erlebt – wenn wir Grippe haben. Wir wissen, wie schlecht es uns dann geht. Es darf uns zwar jemand eine Tasse Tee ans Bett bringen, aber danach wollen wir wieder allein sein. Oft sind wir niedergedrückt, eine Art Depression befällt uns, wir glauben, nicht mehr gesund zu werden.

Das Immunsystem ist einer der Informationslieferanten innerhalb der Darm-Hirn-Verbindung. Wer sind die anderen?

Der Vagus-Nerv. Er sondiert, ob es der Darmschleimhaut gut geht, wie Darmmuskulatur und Darmnerven arbeiten, und von der riesigen Menge an Hormonen, die sich im Darm befinden, leitet er unzählige Informationen ans Gehirn weiter. Ein wichtiges Hormon ist das Oxytocin. Es löst Wehen aus, fördert den Aufbau von Bindungen und Beziehungen und spielt beim Verlieben eine wichtige Rolle.

Daher die Redewendung »Liebe geht durch den Magen«.

Ja genau. Selten fühlen wir uns so wohl, wie wenn wir mit geliebten Menschen gemeinsam essen und trinken.

3 Zytokine sind Proteine. Sie spielen eine wichtige Rolle in der Koordination der Immunabwehr.

Welche Informationen gelangen denn vom Gehirn an den Darm?

Der Weg von oben nach unten ist banaler. Das Gehirn sendet via Stresshormone Signale an den Körper und mobilisiert den Stressnerv, den Sympathikus. Es war denn auch vor allem der Stress, der entwicklungsgeschichtlich dafür sorgte, dass das Gehirn das Recht bekam, in Notfällen dem Darm mitzuteilen: »Stopp die Verdauung, ich muss flüchten, brauche sofort sämtliche Energie in der Muskulatur.«

Das Darmgehirn liefert Informationen, das Kopfgehirn befiehlt?

Das Darmgehirn hatte immer viel Selbstständigkeit, es ist kein Ableger von oben, daran erinnert sich der Darm bis heute gut, er kann auch ohne Input des Gehirns funktionieren. Nun kann man sagen, seine primäre Funktion sei eher simpel. Doch so einfach ist das nicht, in einer beeindruckenden Konsistenz das Essen zu kneten und sorgfältig vorwärtszuschieben.

Doch irgendwann gewann das Gehirn die Oberhand über den Darm. Was war passiert?

In der Evolution hat es sich bewährt, dass jemand Gefahren erkennt. Das kann der Darm nicht, das Gehirn hingegen schon. Es kümmert sich um die äußere Sicherheit, kann Alarm schlagen. Der Darm hingegen, der seine Arbeit im Innendienst verrichtet, ist so betrachtet der Schwächere. Interessant dabei ist aber, dass sich beide Organe der Außenwelt sehr exponieren, das Gehirn mit den Sinnesorganen und der Darm via Mund. Über ihn wird die Außenwelt einverleibt. Dabei wird oft vergessen, dass Essen eine Tortur ist: all das Fremde, all die möglichen Gefahren, die unserem Körper mehrmals täglich drohen.

Deshalb hilft das Gehirn bei der Auswahl der Nahrung mit.
Ja, einerseits über eine alte Region im Gehirn, den Inselcortex, der sich intensiv mit dem Darm beschäftigt, und früher wohl dabei half, Lebensmittel zu bewerten. Andererseits natürlich über das Belohnungssystem. Es entscheidet, ob uns ein Lebensmittel schmeckt oder ob wir uns davor ekeln. Es steuert den Darm und forciert das Lernen: Wir wissen, welche Lebensmittel wir essen können, von welchen wir mehr wollen und wie wir an die Nahrung herankommen. Man fragte sich immer, weshalb der Mensch ein solch großes Gehirn hat. Wegen unseres sozialen Wesens, lautete eine Theorie. Doch diese wurde 2018 revidiert: Die Größe unseres Gehirns hat viel mit dem Essen zu tun. In der Urzeit waren Menschen die überlegenen Lebewesen, weil sie irgendwann erkannten, wie man Speisen konservieren und von einem Ort zum anderen transportieren kann. Und wie man sie bearbeiten muss, damit sie auch über den Winter halten.

Ist bei stark übergewichtigen Menschen die Darm-Hirn-Connection gestört?
Das Körpergewicht ist komplex reguliert. Es gibt extrem viele Instanzen, Behörden und Unterbehörden, die alle mit dem Gewicht beschäftigt sind. Eine der Instanzen ist das Hormon Leptin, das sich im Darm befindet. Es ist das Sättigungshormon und meldet dem Gehirn, wann der Magen voll ist. Bevor man gegen Dicke wettert und ihnen sagt: »Reißt euch zusammen«, sollte man wissen, dass es Menschen gibt mit einem Leptin-Defekt. Die Kommunikation vom Darm ans Gehirn funktioniert nicht, es heißt nie: »Genug gegessen.«

Bei verschiedenen psychischen Erkrankungen soll der Darm eine Rolle spielen. Wie beeinflusst er die Psyche?
Noch sind wir mit unserer Forschung am Anfang, aber es gibt Studien, die zeigen, dass das Mikrobiom im Darm einen

großen Einfluss auf unser Verhalten hat, und weitere, die belegen, dass depressive oder autistische Menschen ein anderes Mikrobiom haben als Gesunde. Erst dachte man, das habe damit zu tun, dass die Erkrankten sich weniger bewegen, was wahrscheinlich auch stimmt, und sich das Mikrobiom deshalb verändert. Doch dann bekamen im Tierversuch Mäuse Stuhl von depressiven Menschen in den Darm implantiert und die Tiere wurden depressiv. Als Assistenzarzt am Universitätsspital Zürich behandelte ich Menschen mit Essstörungen.[4] Sie hatten nicht nur ein gestörtes Essverhalten, die meisten waren auch depressiv und ängstlich, sie hatten ein geringes Selbstwertgefühl und wenig Freunde. Früher behandelte man die Psyche dieser Patientinnen, in der Hoffnung, auch ihr Essverhalten bessere sich; man muss das Gehirn behandeln, dann gesundet auch der Darm. Ich aber verfolgte einen anderen Ansatz, ich sagte den Patientinnen: »Wir sprechen hier nur über das Essen, nicht über Ihre Probleme.« Sie bekamen den Auftrag, wieder regelmäßig zu essen und ihr Lebensmittelspektrum zu erweitern. Sie sollten lernen, den Darm wie ein Gehirn zu behandeln, sie mussten ihn fordern. Was dann passierte, war eindrücklich: Tatsächlich verbesserte das regelmäßige Essen die Psyche der Patientinnen. Die vorherigen Fressattacken hatten ihnen massiv zugesetzt. Jedes Mal, wenn sie Lebensmittel herunterschlangen, fühlten sie sich als Versagerinnen – wieder hatten sie es nicht geschafft, dem Essen zu widerstehen. Dank unserer Sprechstunden gewannen sie nach und nach wieder Kontrol-

4 S. Grob, D. Pizzagalli, S. Dutra, J. Stern, H. Moergeli, G. Milos, U. Schnyder, G. Hasler: »Dopamine-Related Deficit in Reward Learning After Catecholamine Depletion in Unmedicated, Remitted Subjects with Bulimia Nervosa«, *Neuropsychopharmacology* (2012) Jul; 37(8): 1945–52.
S. Grob, J. Stern, L. Gamper, H. Moergeli, G. Milos, U. Schnyder, G. Hasler: »Behavioral Responses to Catecholamine Depletion in Unmedicated, Remitted Subjects with Bulimia Nervosa and Healthy Subjects«, *Biological Psychiatry* (2015) Apr 1; 77(7): 661–7.

le über ihr Essverhalten[5]; das gab ihnen nicht nur eine Tagesstruktur, sie waren auch sozial wieder eingebettet, konnten mit der Familie oder mit Freunden an einem Tisch sitzen. Und auch ihr Selbstwertgefühl hatte sich verbessert, ohne dass wir darüber hatten sprechen müssen. Selbstsicherheit ist auch Körpersicherheit.

Im Fall der Essstörungen wurde nicht die Psyche behandelt, sondern der Körper. Wie steht es mit anderen psychischen Krankheiten, sind sie möglicherweise gar nicht in erster Linie Krankheiten des Gehirns?

Bei psychischen Krankheiten wird teilweise zu wenig beachtet, dass das Gehirn eingebettet ist in eine soziale Umgebung und in einen Körper. Viele Symptome von psychischen Krankheiten, niedergedrückte Stimmung bei Depressionen, Stimmenhören bei Schizophrenie, Ängste bei Panikattacken, werden vom Gehirn maßgeblich mitgesteuert. Stimuliert man das Gehirn im Rahmen einer Deep Brain Stimulation mit Elektroden, kann man zum Beispiel im Subthalamus eine Manie auslösen oder im Mandelkern Angst. Das zeigt klar, dass das Gehirn bei psychiatrischen Krankheiten eine Rolle spielt. Allerdings können wir das Gehirn nicht als isoliertes Organ verstehen, es hat Kontakt mit dem Körper. Angst zum Beispiel wird auch vom Körper wahrgenommen, über den Körper ausgedrückt und hat körperliche Auswirkungen. Deshalb hält nun die Psychosomatik, mit der sich bisher vor allem die Psychoanalytiker beschäftigten, vermehrt Einzug in die Psychiatrie. Wir wollen die Effekte wissenschaftlich untersuchen.

5 G. Hasler, A. Delsignore, G. Milos, C. Buddeberg, U. Schnyder: »Application of Prochaska's transtheoretical model of change to patients with eating disorders«, *Journal of Psychosomatic Research* (2004) July; 57(1): 67–72.

Manche Wissenschaftler kritisieren, dass es für psychische Krankheiten keine biologischen Marker im Gehirn gebe. Man könne weder eine Depression noch eine Schizophrenie und auch keine bipolare Störung erkennen.
Biologische Marker, etwa eine Abnahme des REM-Schlafs, die Abnahme der Herzratenvariabilität und die Abnahme von Glutamat im Frontallappen, gibt es schon, aber keine diagnostischen Marker. Man darf die Psychiatrie nicht mit der Krebsforschung vergleichen, wo es klare Indikatoren gibt, mit denen der Krankheitsprozess und das Ansprechen auf die Therapie gemessen werden können. Das Biomarker-Problem ist nicht in erster Linie ein Problem der Psychiatrie, es ist ein Problem der Medizin. Für viele chronische Krankheiten, zum Beispiel das Reizdarmsyndrom, haben wir keine klaren Marker. Auch bei manchen Magen-Darm-Beschwerden können wir nicht messen, woran genau der Mensch leidet. Und in der Rheumatologie gelten Schmerzen des unteren Rückens als Lumbalgie, aber das ist noch keine exakte Diagnose. Bis auf wenige Ausnahmen, etwa Krebs, sind Krankheiten immer in Bezug auf die Gesellschaft definiert, in der wir leben. In einer Gesellschaft, in der mentale Fitness zentral ist, fallen Menschen sofort auf, die nur ein bisschen weniger fröhlich sind als die Mehrheit, nur ein bisschen weniger konzentriert. Diese Schwächen bekommen dann Krankheitswert und es entstehen Diagnosen und Therapien.

Es gibt Forscher, die die Meinung vertreten, Antipsychotika würden nicht gezielt Wahnvorstellungen bei Psychosen bekämpfen, sondern bei Betroffenen das ganze System herunterfahren. Sind die Medikamente lediglich starke Beruhigungsmittel?
Nein, das sind sie nicht. Das erste wirksame Antipsychotikum für die Behandlung der Schizophrenie hieß in Europa Largactil, es hatte den Wirkstoff Chlorpromazin. Dieser blockierte

verschiedene Neurotransmitter-Rezeptoren; unter anderem wirkte er stark beruhigend. Mittlerweile gibt es viele Antipsychotika, die nur auf einen oder zwei ganz bestimmte Rezeptoren wirken und kaum Müdigkeit verursachen. Tatsächlich ist es so, dass Medikamente, die allgemein dämpfen, auch in der Schizophrenie-Behandlung eingesetzt werden. Manche Patienten wollen zum Antipsychotikum noch ein beruhigendes Mittel, damit sie schlafen können. Doch Dämpfung und antipsychotische Wirkung sind zwei verschiedene Sachen. Unglücklich ist, dass Mittel, die wie Largactil eine breite Wirkung haben, also auf verschiedene Rezeptoren wirken, nach wie vor Antipsychotika heißen. Das will man nun ändern, wie in der Kardiologie, wo auch nicht mehr sämtliche Medikamente Antihypertensiva heißen, sondern unterschieden werden, etwa als Beta-Blocker oder ACE-Hemmer.

Wie sieht es mit der Wirksamkeit von Antidepressiva aus? Es gibt Studien, die belegen, dass ein Großteil der Patienten auch von Placebo profitiert.

Depressive Episoden klingen in der Regel von selber wieder ab, das Ziel der Antidepressiva-Gabe ist, die Episoden schneller abklingen zu lassen. Nun zeigen die Studien[6], dass die Verkürzung der Episoden unter Antidepressiva nicht so gewaltig sind. Diese Erkenntnis beziehen wir in der Behandlung mit ein und geben die Medikamente deshalb bei schwerer Depression langfristig ab. Das halbiert die auftretenden Episoden und verkurzt sie auch.

Sie geben Antidepressiva als Rückfallprophylaxe?

Ja, und dafür werden wir häufig kritisiert. Doch wir erleben in der Praxis viele Patienten, die sagen, sie würden auch in der akuten Phase von den Antidepressiva profitieren. Wes-

6 G. Hasler et al.: »Treatment of Depressive Disorders with and without Medication – A Naturalistic Study«, *Pharmacopsychiatry* (2002); 35: S. 235–238.

halb das subjektive Empfinden anders ist als die Studienresultate, kann damit zu tun haben, dass die Selektiven Serotonin-Wiederaufnahmehemmer, die SSRI, die heute vor allem verschrieben werden, Ängste reduzieren. Das ist natürlich angenehm für die Betroffenen. In den Studien zu Antidepressiva werden Ängste leider nur ungenau und oberflächlich abgefragt, weil Niedergeschlagenheit und Interesseverlust als Kernsymptome der Depression gelten. Was ich allerdings mit Sorge betrachte, ist die Tatsache, dass in Hausarztpraxen zu oft und zu schnell SSRI verschrieben werden. Wird ein Patient, der ein bisschen depressiv ist, in der Praxis vorstellig, heißt es: »Sie haben einen Serotoninmangel«, und schon bekommt er ein SSRI verschrieben. Das finde ich nicht richtig. Denn es gilt zu unterscheiden zwischen der Depression als Botschaft und der Depression als Krankheit.

Depression als Botschaft bedeutet: Mit meinem Leben stimmt etwas nicht, deshalb geht es mir nicht gut?

Ja. Wenn jemand zum Beispiel den Eltern zuliebe ein bestimmtes Studienfach wählt, Jura studiert, statt der geliebten Mathematik, kann die Unzufriedenheit mit der Ausbildung zu einer Depression führen. Auch unterdrückte sexuelle Orientierung kann depressiv machen. Wechselt der Student das Studienfach und outet sich die Frau, die sich zu Frauen hingezogen fühlt, als homosexuell, verschwindet in der Regel auch die Depression. Ist die Depression eine Botschaft, sind Antidepressiva nicht der richtige Weg. Im Gegenteil: Die Medikamente können dazu führen, dass man länger in einer Situation verharrt, die einem nicht guttut. Besser ist, herauszufinden, was die Depression verursacht hat. Anders verhält es sich bei Menschen, für deren Depression es keinen plausiblen und veränderbaren Grund gibt. In diesem Fall ist es besser, die Depression als Krankheit zu betrachten und Medikamente als Therapieoption zu sehen.

Spritzt man depressiven Menschen Botox in die Stirn, lindert das bei einigen die depressiven Symptome.[7] Was geschieht hier?

Zurzeit laufen Studien, die den Mechanismus untersuchen. Bisher geht man von drei Hypothesen aus. Hypothese eins besagt, dass Menschen, die Botox gespritzt bekommen, besser aussehen und sich deshalb besser fühlen. Diese Annahme wird allerdings für die meisten Studien ausgeschlossen. Denn die Probanden bekommen lediglich über der Nase Spritzen in die Stirn, das führt noch nicht dazu, dass sie viel besser aussehen. Die zweite Hypothese ist deutlich realistischer, sie geht von einer Emotionskontrolle aus. Eine solche entwickelt sich ja nicht nur im Gehirn, sondern im Zusammenwirken von Gehirn und Körper, wie wir bereits bei der Darm-Hirn-Connection gesehen haben. Wenn es einem Menschen nicht gut geht, er niedergeschlagen ist oder ängstlich, zeigt sich das in seiner Mimik, die Stirn ist gerunzelt. Dieser Gesichtsausdruck wiederum verstärkt die Emotion. Mit Botox kann dieser Teufelskreis unterbrochen werden. Weil wir nach Botox-Spritzen keine Zornesfalten mehr machen können, haben wir keinen angestrengten oder verärgerten Gesichtsausdruck mehr und damit fehlt uns auch das entsprechend negative Gefühl. Hypothese drei geht davon aus, dass Botox-Spritzen die soziale Interaktion von depressiven Menschen verbessern. Sie sehen nach den Spritzen freundlicher aus, die Muskelzuckungen in der Stirn, die manche haben, fallen weg, sie kommen beim Gegenüber besser an.

Die US-amerikanische Psychiaterin Nancy Andreasen erkannte in den Neunzigerjahren auf MRT-Bildern von Menschen, die an Schizophrenie erkrankt waren, dass deren

7 A. Wollmer, C. de Boer, N. Kalak et al.: »Facing depression with botulinum toxin. A randomized controlled trial«, *Journal of Psychiatric Research* (Mai 2012) Vol. 46, 5, S. 574–581.

Hirnmasse geschrumpft war. Und zwar je stärker, umso länger sie Antipsychotika eingenommen hatten und umso höher die Dosierung war. Was bedeutet dieser Befund für die Therapie von Menschen mit Schizophrenie?
Es gibt verschiedene Probleme mit dieser Studie. Zum einen wissen wir nicht genau, was die Schrumpfung bedeutet. Wie äußert sich die Tatsache, dass die Großhirnrinde schrumpft? Es gibt Menschen, die eine extrem dünne Großhirnrinde haben und trotzdem Mathematik-Genies sind. Uns muss interessieren, wie viele Zellen es in der Großhirnrinde gibt und wie gut diese Zellen miteinander verbunden sind, man müsste also die Verknüpfungen zwischen den neuronalen Netzwerken messen.

Was wäre, wenn diese abnehmen würden?
Dann wüssten wir immer noch nicht, welche Auswirkungen dies hätte. Eine Reduktion könnte auch heißen, dass das Gehirn nicht mehr übererregt ist. Menschen, die an Schizophrenie erkrankt sind, hören ja oft zu viel, sehen zu viel, alles bekommt eine Bedeutung – zu viel Bedeutung. Ein weiteres Problem zeigt sich im Studiendesign: Es handelte sich nicht um eine randomisierte, placebokontrollierte Studie und es ist wahrscheinlich, dass die Patienten, die mit Antipsychotika behandelt wurden, schwerer krank waren als die Versuchspersonen, die keine Medikamente erhielten. Es kann also sein, dass die Krankheit die Schrumpfung der Großhirnrinde verursachte und nicht das Medikament. Aber auch das Umgekehrte ist möglich. Was die Studie sicher gezeigt hat: Die Kritik, dass Antipsychotika Schizophrenie nicht heilen können, ist berechtigt. Bei Menschen, die eine chronische Schizophrenie haben, geht die Wissenschaft zunehmend davon aus, dass die Krankheit eine Hirnentwicklungsstörung ist. Die kann von Antipsychotika leider nicht so positiv beeinflusst werden, dass sich das Gehirn völlig normalisiert.

Wo im Körper lokalisieren Sie die Psyche?
Die Chinesen platzieren sie im Bauch, Aristoteles lokalisierte sie im Herz, wir im Gehirn. Für meine Psyche ist die Darm-Hirn-Connection wichtig. Ich glaube, dass Psyche und Körpergefühl eng verbunden sind.

Deshalb sagen wir, wenn es uns psychisch schlecht geht, »ich spüre mich nicht mehr«.
Genau! Wenn man an diesem Punkt angelangt ist, ist mit der Psyche einiges nicht mehr in Ordnung. Sich-Spüren-Können ist etwas Wichtiges. Das sehen wir beim Bauchgefühl, oft reagiert erst der Körper, dann folgt das Denken, als Bestätigung oder Korrektur des Bauchgefühls.

Das Bauchgefühl sitzt also nicht im Kopf?
Wir glauben, es gehe vom Bauch aus, aber es wird vom ganzen Körper produziert und natürlich ist auch das Gehirn beteiligt. Das Bauchgefühl ist in der Regel schneller als der Verstand, es ist etwas Primitives, vergleichbar mit einer Faustregel. Die einen Menschen lassen sich vom Bauchgefühl leiten, die anderen brauchen es, um etwas nochmals zu kontrollieren. Wenn ich eine wissenschaftliche Mitarbeiterin suche, ist das Bauchgefühl nicht so wichtig, entscheidend ist, was sie bisher publiziert hat. Will ich aber im Marketing einen neuen Kollegen einstellen, empfiehlt es sich, aufs Bauchgefühl zu hören – schließlich soll der Neue bei anderen gut ankommen. Der Psychologe und Nobelpreisträger Daniel Kahneman[8] zeigte anhand von Assessments, die mit israeli-

8 Der Nobelpreisträger Daniel Kahneman machte sich zusammen mit seinem Forscherkollegen Amos Tversky einen Namen, indem er mit verschiedenen Experimenten aufzeigte, über welch systematische Denk- und Wahrnehmungsfehler wir immer wieder stolpern, wenn wir Entscheidungen treffen müssen. In einem Experiment zeigte Kahneman etwa, dass der Großteil der Menschen auf Sicherheit bedacht ist, was dazu führt, dass die meisten aus den beiden Angeboten: 1000 Franken in bar oder ein Los, das mit 55-prozentiger Wahrscheinlichkeit 2000 Franken einbringt, sich für das erste Angebot entscheiden.

schen Soldaten durchgeführt wurden, dass man sich nicht allein auf Intuition und aufs Urteilsvermögen verlassen kann. Man hatte während der Beurteilung herausfinden wollen, ob sich die Soldaten im Krieg bewähren würden. Doch die Tests lieferten keine Antwort. Man hätte sie besser gefragt: »Glauben Sie, Sie bewähren sich im Krieg?« Das Bauchgefühl ist das eine, Fragen stellen das andere.

Kurzbiografie Gregor Hasler

Gregor Hasler, geboren 1968 in Basel, studierte Medizin an der Universität Zürich. An der Klinik für Psychiatrie und Psychotherapie Hohenegg in Meilen und an der Psychiatrischen Poliklinik des Universitätsspitals Zürich absolvierte er die Facharztausbildung zum Psychiater und Psychotherapeuten. Nach einer Weiterbildung in psychiatrischer Epidemiologie und Versorgungsforschung an der Psychiatrischen Universitätsklinik Zürich untersuchte er drei Jahre lang am National Institute of Mental Health in Bethesda, Maryland USA, wie sich Stress auf die psychische und körperliche Gesundheit auswirkt. Von 2006 bis 2010 leitete Hasler als Oberarzt die Sprechstunden für affektive Störungen und Psychosomatik am Universitätsspital Zürich. Von 2010 bis 2018 war er Chefarzt an den Universitären Psychiatrischen Diensten UPD Bern und außerordentlicher Professor für Sozialpsychiatrie und Versorgungsforschung an der Universität Bern. Seit 2019 ist er Professor für Psychiatrie und Psychotherapie an der Universität Fribourg und Chefarzt am Freiburger Netzwerk für psychische Gesundheit. Hasler wurde für seine wissenschaftlichen Arbeiten mehrfach ausgezeichnet; er hat die Bücher *Resilienz: Der Wir-Faktor* (2017), *Die Darm-Hirn-Connection* (2020) und *Psychopharmaka – Wirkung, Nutzen, Gefahren* (2020) publiziert.
Gregor Haslers Forschung: www.gregorhasler.ch

13

»Wenn ich etwas notieren will, kann ich nicht sagen, wo in meinem Gehirn die Initiative dafür entstanden ist.«

Menschen sind fähig, Hunderte, wenn nicht Tausende Bewegungen zu machen. Silvia Arber, Professorin für Neurobiologie, will verstehen, weshalb wir in der Regel nicht mehrere gleichzeitig ausführen können.

Mit welcher Geschwindigkeit sind die schnellsten Signale vom Gehirn an die Peripherie unterwegs?

Vom Gehirn zu den Muskeln gibt es keine direkten Verbindungen, alle Signale laufen über Schaltungsstationen. Die direkteste Verbindung geht vom Cortex über das Rückenmark zu den Motoneuronen, diese aktivieren dann den Muskel. Wie schnell das geht, hängt vor allem von der Myelinisierung, der Isolation der Nervenzellen, ab. Je besser isoliert sie sind, desto schneller sind die Signale unterwegs, wie bei einem Stromkabel. Die Geschwindigkeit kann man messen, indem man den Cortex stimuliert und dann schaut, wie viel später der Muskel kontrahiert.

Welche Nervenzellen gehören zu den gut isolierten?
Normalerweise diejenigen, die die längsten Axone haben, also die längsten Nervenzellfortsätze. Sie haben auch die dickste Myelinisierung. Zu diesen Nervenzellen gehören solche, die vom Cortex bis hinunter ins Rückenmark der Lendenwirbelsäule gehen, das ist eine lange Distanz. Andere Zellen mit langen Axonen sind die Motoneuronen, sie gehen vom Rückenmark zur Körpermuskulatur, unter anderem bis zu den Zehen, das sind sehr lange Distanzen.

Ist das Rückenmark Sitz für alle Motoneuronen?
Nein, nur für die, die wir für Bewegungen des Körpers brauchen. Motoneuronen fürs Gesicht sitzen im Hirnstamm.

Wie entsteht Bewegung, was wird dafür im Gehirn aktiviert?
Wir studieren bei uns im Labor etwas, was noch nicht sehr gut verstanden ist – Bewegungsabläufe, die vom Hirnstamm ausgehen, also von den evolutionär ältesten Systemen.[1] Es gibt viele Tiere, die keinen Cortex haben, der Frosch zum Beispiel, und die sich trotzdem sehr gut bewegen können. Sie machen das unter anderem über den Hirnstamm. Wir wissen erst wenig über die Nervenzellen, die sich dort befinden. Was wir sagen können: Es gibt viele verschiedene, absteigende Nervenbahnen, die von diesen Nervenzellen ausgehen. Sie sind verantwortlich für diverse Arten von Bewegung. Wir untersuchen nun etwa, welche zum Einsatz kommen, wenn wir gehen, und welche, wenn wir nur die Hand bewegen, um Notizen zu machen. Die beiden Bewegungen sind sehr unterschiedlich, und sie werden von verschiedenen Nervenzellen im Hirnstamm gesteuert. So können diverse Signale das Rückenmark erreichen.

1 A. Iwaniuk, I. Whishaw: »On the origin of skilled forelimb movements«, *Trends in Neurosciences* (2000) Aug; 23(8); 372–6.

Geht denn ein Großteil der Bewegungen vom Hirnstamm aus?

Das motorische System muss man sich wie eine Hierarchie vorstellen. Es gibt nicht eine einzige Zentrale, in der sich alle Nervenzellen für Bewegungskontrolle befinden, diese sind über das ganze Nervensystem verteilt. Bestimmte Bewegungen gehen direkt vom Cortex zum Motoneuron, sie fahren sozusagen auf der Autobahn. Signale für andere Bewegungen sind auf der Landstraße unterwegs und machen in jedem Dorf halt. Es gibt im ganzen Nervensystem Regionen, die für Motorik zuständig sind. Sehr wichtig sind auch die Basalganglien unterhalb des Cortex.

Welche Funktion haben sie im Bewegungssystem?

Man weiß, dass wir diese Schaltstellen brauchen, wenn wir neue Bewegungen lernen. Was ebenfalls bekannt ist: Die Basalganglien sind eine zwischengeschaltete Station für die Kontrolle von Bewegungen. Wir können sie einschalten oder überspringen, abhängig von der Bewegung, die wir machen wollen.

Was passiert in unserem Gehirn, wenn wir einen neuen Bewegungsablauf lernen?

Man muss unterscheiden, ob man als Kind etwas lernt oder als Erwachsener. Wenn ein Kleinkind laufen lernt, sind die Nervenzellen teilweise noch nicht richtig verknüpft, das passiert erst mit dem Laufenlernen. Lernen wir als Erwachsener oder als Jugendlicher neue Bewegungen, sind dies Prozesse der sogenannten Plastizität. Durch die neuen Bewegungen entstehen im Gehirn neue Verbindungen oder existierende Verbindungen werden in ihrer Stärke verändert. Wenn wir die Bewegungen stets wiederholen, verändert sich die Funktion der Nervenzellnetzwerke. Das findet an verschiedenen Orten des Nervensystems statt. Am meisten weiß man darüber in den kortikalen Bereichen, weil man dort via Bildgebung schauen kann, was bei Bewegungen und Lernvorgängen passiert. Plastizitätsanpassungen finden auch in den Basalganglien und wahrscheinlich noch in anderen Gebieten des Nervensystems statt.

Weshalb ist es nahezu unmöglich, gleichzeitig mit der rechten Hand Auswärtskreise zu machen und mit dem rechten Fuss Inwärtskreise?

Das Nervensystem funktioniert so, dass es nur etwas Bestimmtes machen kann. Wenn wir etwas tun, müssen wir alle anderen Sachen, die wir nicht tun wollen, unterdrücken. Noch wissen wir kaum, wie das funktioniert. Wir können Hunderte oder sogar Tausende von verschiedenen Bewegungen machen. Aber gleichzeitig geht das in der Regel nur mit einer. Das Nervensystem ist in der Lage, die eine gewollte Bewegung zu fördern und alle anderen zu unterdrücken. Wahrscheinlich werden beim Kreisen von Händen und Füßen im Gehirn mindestens zum Teil die gleichen Netzwerke in Beschlag genommen und diese können nicht gleichzeitig für zwei verschiedene Bewegungen gebraucht werden, für Auswärts- und Inwärtskreisen.

Würde man die gegenläufigen Bewegungen immer wieder üben, gelänge es dann, die Unterdrückung ihrerseits zu unterdrücken?

Das kann ich nicht generell sagen. Ich nehme an, dass es für gewisse Bewegungen möglich ist. Aber nicht für solche, die mechanisch nicht kompatibel sind, um gleichzeitig ausgeführt zu werden. Wir können beispielsweise gehen und auf dem Smartphone tippen, das sind zwei Bewegungen. Wir können auch gehen und reden, das sind ebenfalls zwei Bewegungen. Aber bei beiden sind Netzwerke in Betrieb, die nicht direkt miteinander zu tun haben. Wir können nicht gleich-

zeitig schreiben und Tennis spielen, weil für beides dieselben Körperteile gebraucht werden.
Interessanterweise ist es so, dass bei Lebewesen mit vier Extremitäten, die beiden Extremitäten, die zueinander diagonal sind, normalerweise dasselbe machen. Wenn wir gehen, schwingt der rechte Arm synchron mit dem linken Bein nach vorne. Schwingen der rechte Arm und das rechte Bein gleichzeitig nach vorne, haben wir den sogenannten Passgang, das ist eine unnatürliche Fortbewegungsweise. Um auf Ihre kreisenden Bewegungen zurückzukommen: Versuchen Sie mal die rechte Hand auswärts kreisen zu lassen und den linken Fuß inwärts. Vielleicht gelingt dies.

Ist bekannt, wie viele Kilometer Nervenbahnen unseren Körper durchlaufen?

Es werden Tausende von Kilometern sein, allerdings sind dies Schätzungen. Es gibt viele, ganz feine Nervenfortsätze, die schwierig zu quantifizieren sind, aber sicher nochmals Tausende von Kilometern zählen. Wir haben geschätzte 100 Milliarden Nervenzellen im Gehirn und jede hat zwischen tausend und hunderttausend Synapsen, das sind unfassbare Dimensionen. Angesichts dieser riesigen Zahl ist es verrückt, dass es Projekte gibt, die versuchen, das menschliche Gehirn zu rekonstruieren. Unser Gehirn ist ja geprägt durch unsere Erfahrungen, jeder Mensch hat ein anderes Gehirn. Klar, wir haben die gleichen genetischen Voraussetzungen, die Basics sind gleich. Aber durch unsere Erfahrungen und all die Plastizitätsmechanismen, die über unser ganzes Leben stattfinden, hat das Gehirn jedes Menschen seine eigene Geschichte.

Wie kann unser Gehirn fein- und grobmotorische Bewegungen unterscheiden?

Dafür sind verschiedene Areale verantwortlich. Wir beschäftigen uns mit den Arealen im Hirnstamm, dort ist eine Region für Grobmotorik und Ganzkörperbewegungen zuständig und eine andere für Feinmotorik. Es gibt Experimente, bei denen der Cortex des Menschen stimuliert wird, und man schaut dann, welcher Körperteil sich bewegt. Das ist alles anatomisch und topografisch organisiert, es gibt eine ganze Anzahl Kartierungen von Körperteilen und der dazugehörigen Motorik, im Menschen wie auch in Tieren.

Unterscheidet sich das Gehirn einer Primaballerina vom Gehirn einer Sportlerin?

Ich glaube nicht, dass man das schon mal untersucht hat. Es gab mal eine Studie, die den Gleichgewichtssinn von Primaballerinen untersuchte. Es zeigte sich, dass das Gleichgewichtssystem der Tänzerinnen ein bisschen ausgeprägter war als bei anderen Menschen. Eine Primaballerina und eine Sportlerin trainieren nicht gleich. Ich nehme an, dass entsprechend unterschiedliche Gehirnareale durch Plastizität angepasst sind.

Weshalb weiß das Gehirn, welche Extremität der Mensch bewegen will?

Das weiß man noch nicht genau. Das hängt davon ab, ob wir den ganzen Körper bewegen wollen oder nur einen bestimmten Teil. Je nachdem ist mein Gehirn in einem anderen Modus. Der Wechsel passiert entweder willentlich – ich will schreiben und damit nur die Hand bewegen oder gehen und mehrere Körperteile bewegen – oder er funktioniert via Sensorik – ich sehe die Ampel auf Rot springen und weiß, ich muss stehen bleiben. Das Signal für eine Bewegung kann auch durch einen Befehl ausgelöst werden, zum Beispiel in der Schule, wenn der Lehrer sagt: Schreib deinen Namen oben aufs Blatt! Wenn ich aber auf meinem Stuhl sitze und plötzlich etwas notieren will, kann ich nicht sagen, wo in meinem Gehirn die Initiative dafür entstanden ist. Was ich bestimmt weiß: Der Impuls für eine Bewegung geht immer von denselben Gehirnarealen aus – von denen, die die Bewegungsabläufe steuern.

Immer weniger Menschen schreiben von Hand, welche Veränderungen löst das im Gehirn aus?
Darüber ist noch nichts bekannt. Ich bin selber von diesem Phänomen betroffen, früher schrieb ich meine Notizen von Hand, heute nur noch auf dem Computer. Schreibe ich von Hand, etwa meine Unterschrift, fällt mir auf, dass meine Handschrift eingerostet ist. Ich weiß nicht, ob das Gehirnareal, das für die Handschrift zuständig war, aufs Tippen umprogrammiert worden ist. Es wird sehr interessant sein, zu schauen, wie sich das Verschwinden der Handschrift auf das Gehirn auswirken wird. Wenn ich einen Vortrag höre, mache ich mir handschriftliche Notizen. Das bringt mir viel, weil ich in meinem Kopf das Gehörte zusammenfassen muss, daraus eine Essenz extrahiere und nur diese aufschreibe. Außerdem zwingen mich die handschriftlichen Notizen, bei der Sache zu bleiben, sie hindern mein Gehirn daran, abzuschweifen.

Ein Großteil unserer Bewegungsabläufe passiert unbewusst. Weshalb ist dies so?
Weil wir sie bereits so oft gemacht haben. Es gibt Bewegungen, die wir nur ganz selten bewusst machen, atmen zum Beispiel. Wir rufen uns ja nicht stets in Erinnerung, dass wir einatmen, ausatmen, einatmen müssen. Neue Bewegungsabläufe aber lernen wir immer bewusst, erst wenn wir sie gut können, geschehen sie unbewusst. Obwohl, automatisch ist der bessere Begriff. Wir fahren nicht unbewusst Fahrrad, wir gehen auch nicht unbewusst, wir wissen, was wir tun, aber wir müssen uns nicht auf den Bewegungsablauf konzentrieren. Autofahrenlernen zum Beispiel ist ein Big Deal, aber wenn wir es mal können, überlegen wir nicht mehr, wie wir

fahren. Während dieser Prozesse kann das Gehirn sich auf anderes konzentrieren. Es ist sehr clever und sehr effizient organisiert, während wir uns automatisch bewegen, kann es seine Ressourcen anderweitig einsetzen. Die Areale des Gehirns sind ausgerichtet auf das, was gerade ansteht, und die Ressourcen, die es dafür braucht, nach Aufwand und Fertigkeiten verteilt. So ist etwa das Gehirnareal zum Bewegen des Oberschenkels nicht riesig, das für die Finger hingegen schon. Denn wir können mit den Fingern viel mehr Bewegungen machen als mit dem Oberschenkel.

Diese Größenunterschiede sieht man im Homunculus, der menschenartigen Figur im Gehirn, das Areal für die Hände ist vergleichsweise riesig.
Ja genau. Unser Gehirn ist sehr gut organisiert. Die Größe der Extremität entspricht nicht der Größe des Gehirnareals, es ist die Anzahl und die Feinheit der Bewegungen, welche bestimmt, wie groß das entsprechende Areal ausfällt.

Wie organisieren sich die neuronalen Netzwerke im Gehirn nach einer Querschnittlähmung?
Es gibt verschiedene Zellarten, die einen verhalten sich plastischer als andere. Einige sind nach einer Läsion total fixiert, die bleiben, wie sie sind, andere probieren, die Verletzung zu kompensieren. Die will man nach einer Rückenmarksverletzung stimulieren. Allerdings gibt es beim Menschen nach einer Rückenmarksverletzung im Zentralnervensystem keine Langdistanz-Regenerationsmöglichkeit. Die einzige Art und Weise, wie man Funktionalität wieder zurückgewinnen kann, ist mit lokalen Plastizitätsmechanismen.

Wie funktioniert das?
Wird ein langes Axon, also ein langer Nervenzellfortsatz, durchtrennt, bildet sich das Axon nicht neu, weil es nicht

mehr wachsen kann. Ist bei der verletzten Stelle ein anderes Axon noch intakt, macht es, sagen wir mal statt der zehn synaptischen Verknüpfungen, die es normalerweise hat, hundert neue Verknüpfungen und webt so Netzwerke, die die Funktion des verletzten Axons übernehmen. Sind aber an der Läsionsstelle alle Axone komplett durchtrennt, kann die Funktion unmöglich wiederhergestellt werden. Es gibt Methoden, mit denen Elektroden vom Cortex Informationen ableiten, um die Bewegungen auszulesen, welche die verletzte Person ausführen will. Diese Information kann dann unterhalb der Läsion wieder ins Nervensystem eingespeist werden, entweder ins Rückenmark oder zu den entsprechenden Muskeln.

Und ein Mensch, dessen Arme wegen einer Rückenmarksverletzung gelähmt wären, könnte dank der Informationseinspeisung einen oder beide Arme wieder heben?

Ja – wenn man genau wüsste, wie man die Information einspeisen muss. Noch ist dies aber Science-Fiction. Was heute bereits möglich ist: Mit Elektroden vom Cortex ablesen, was die Menschen machen wollen, und die Bewegung dann durch einen Roboterarm ausführen lassen. Bei einer Komplett-Läsion Informationen ins Rückenmark einzuspeisen, das ist bis heute nicht möglich. Weil die Bewegungen im Normalfall durch hochspezifische Verknüpfungen entstehen. Man müsste exakt die betroffenen Nervenzellen ansteuern können.

Werden Menschen, deren Rückenmark nach einer Verletzung nicht komplett durchgetrennt ist, irgendwann in Zukunft wieder gehen können?

Wenn man besser verstehen wird, wie man die noch intakten Nervenzellen dazu bringen kann, mehr und richtige synaptische Verknüpfungen zu bilden, können Verletzte vielleicht

Teilfunktionen zurückerlangen. Aber es wird nie mehr so sein wie vor der Verletzung.

Kurzbiografie Silvia Arber

Silvia Arber, geboren 1968 in Genf, studierte am Biozentrum der Universität Basel Biologie. Nach ihrer Promotion am Friedrich-Miescher-Institut in Basel forschte sie als Postdoktorandin an der Columbia University in New York. Seit 2000 forscht und lehrt die mehrfach ausgezeichnete Professorin für Neurobiologie am Biozentrum der Universität Basel und am Friedrich-Miescher-Institut. Fokus ihrer Arbeit sind die neuronalen Netzwerke, die die Körperbewegungen steuern. Sie untersucht, wie die Netzwerke funktionieren, wie sie sich entwickeln, wie sie organisiert sind und welche plastischen Veränderungen Lernprozesse bewirken. Arbers Forschung liefert Hinweise, wie Defekte im motorischen Netzwerk, ausgelöst durch Krankheiten des Nervensystems, oder Rückenmarksverletzungen behandelt werden können.
Silvia Arbers Forschung: www.tinyurl.com/silviaarber

14

»Das Gehirn ist bei chronischen Schmerzen aus der Balance. Es hat sich verändert.«

Professor Thomas Nevian forscht zu Lernprozessen im Gehirn und will verstehen, wie chronischer Schmerz entsteht.

Unser Gehirn funktioniert in der Regel einwandfrei. Ist dies selbstverständlich oder fantastisch?

Wahrscheinlich funktioniert unser Gehirn so gut, weil es nicht so störanfällig ist, wie wir vielleicht denken. Ist die Hardware einmal mehr oder weniger etabliert, kann das Gehirn Veränderungen, die im Verlauf des Lebens auftreten, gut ausgleichen. Das hat mit der Plastizität zu tun, der faszinierenden Fähigkeit des Gehirns, sich ein Leben lang zu entwickeln. Das können andere Organe nicht. Die Leber kann sich regenieren, sie bildet neue Zellen, wenn wir aufhören, Alkohol zu trinken. Dasselbe passiert mit der Lunge, wenn wir nicht mehr rauchen. Anders als Leber und Lunge macht das Gehirn Veränderungsprozesse aber nicht über neue Zellen, sondern über neue Verbindungen zwischen Nervenzellen. Diese können zu jedem Zeitpunkt unseres Lebens geknüpft werden. Man kann auch im Alter noch lernen, ein Instrument zu spielen. Allerdings nicht mehr so fidel wie in jungen Jahren.

Wann entdeckte die Wissenschaft, dass das Gehirn plastisch ist?

Die Idee der Plastizität entstand Ende der Vierzigerjahre. Damals sah der Psychiater Donald Hebb, dass zwei Nervenzellen, die wiederholt gleichzeitig feuern, sich miteinander verknüpfen – what fires together, wires together. Rund zwanzig Jahre später zeigten die Neurologen Terje Lømo und Timothy Bliss in Experimenten,[1] dass Nervenzellen ihre Synapsenstärke verändern können. Die Wissenschaftler untersuchten an anästhesierten Kaninchen den Hippocampus, die Hirnregion, die vor allem für Lernen und Gedächtnis zuständig ist. Mit elektrophysiologischen Messungen, die Ende der Sechzigerjahre aufkamen, konnte die elektrische Aktivität, die Grundlage der Hirnfunktionen ist, bereits gut abgeleitet werden. Bliss und Lømo stimulierten Nervenzellen mit einem kleinen elektrischen Schock und maßen das elektrische Signal der Übertragung. Dann stimulierten sie die vorgeschalteten Zellen, die präsynaptischen Zellen, und sahen, dass die Verbindungsstärke zwischen den Nervenzellgruppen verstärkt wurde. Damit bestätigten sie Hebbs Entdeckung. In den Neurowissenschaften ist die sogenannte Hebbsche Lernregel Grundlage von Lern- und Gedächtnisprozessen. Wir wissen, dass beim Lernen zwei Nervenzellen gleichzeitig aktiv sind, respektive mit einer winzigen Zeitversetzung, die eine Zelle muss ein wenig vor der anderen aktiviert werden. Wenn nun die schnellere Zelle wiederholt eine andere Zelle aktiviert, findet zwischen den Zellen, an den Synapsen, eine metabolische Veränderung statt. Die be-

1 T.V. Bliss, T. Lømo: »Long-lasting potentiation of synaptic transmission in the dentate area of the anaesthetized rabbit following stimulation of the perforant path«, *J Physiol.* (1973), 232(2), S. 331–356.

wirkt, dass die Effizienz der Zellen gestärkt wird. Das ist das Grundprinzip des Lernens: Zwei Nervenzellen, die zusammen aktiv sind, verknüpfen sich stets stärker und besser miteinander. Ein Beispiel: Beim Vokabelnlernen möchte ich das Wort Tisch mit dem englischen Wort *table* verbinden. Wenn ich nun immer wieder Tisch/*table* höre, dann sind Neuronen, welche Tisch und *table* miteinander verknüpfen, gleichzeitig in meinem Gehirn aktiv. Jedes Mal, wenn ich künftig an Tisch denke, wird mir sofort auch *table* einfallen, eine Gedächtnisspur ist entstanden. Heute können wir aber nicht nur die Verbindungen zwischen den Nervenzellen stärken, damit neue Verknüpfungen entstehen, wir können auch Verbindungen zwischen Nervenzellen reduzieren.

Sie arbeiten am bewussten Vergessen?

Nein, das Vergessen machen die Zellen automatisch, ohne dass wir darüber nachdenken müssen. Vokabeln, die wir irgendwann mal gelernt haben, vergessen wir wieder, wenn wir sie nicht mehr brauchen. Wenn ich alles Wissen behalten könnte, wäre das einerseits toll – ich hätte den Inhalt all der Bücher, die ich gelesen habe, für immer präsent –, andererseits würde das ewige Wissen aber auch zur Belastung. Zum Beispiel, wenn ich mich gestern geärgert habe und dies nie mehr vergessen kann. Oder wenn ich mich ein Leben lang an den Schmerz erinnere, den mir eine Verletzung einst beschert hat. Die Balance zwischen Verknüpfungen schaffen und Verknüpfungen auflösen ist für die Nervenzellen wichtig, damit sie richtige oder nützliche Assoziationen behalten, falsche oder solche, die uns behindern, löschen können. Das ist ein enorm spannendes Thema: Wie flexibel ist unser Gehirn und wie viel Flexibilität brauchen wir, damit es normal funktioniert? Wir wollen Stabilität, wollen uns an Dinge erinnern, die für uns wichtig sind. Gleichzeitig aber ist zu viel Erinnern nicht gut, das würde unser Gehirn unflexibel und rigide machen, wir würden stur und stereotyp immer das exakt Gleiche machen wollen. Doch für den Menschen ist es wichtig, dass er auch mal einen anderen Weg geht als den bekannten, wenn in seinem Gehirn ein Stimulus aktiv wird.

Die Balance zwischen Verknüpfungen aufbauen und Verknüpfungen lösen geschieht, ohne dass uns dies bewusst ist. Auf einen Reiz mal anders als gewohnt zu reagieren ist aber ein bewusster Entscheid.
Ja, vieles in unserem Gehirn läuft unbewusst ab, vieles aber auch bewusst, damit wir Entscheidungen treffen können. Es ist jedoch durchaus möglich, dass in bestimmte Entscheidungen bereits Flexibilität eingebaut ist, damit wir uns ab und zu mal anders verhalten können.

Die eingebaute Flexibilität ist uns nicht bewusst?
Nein, die Flexibilität ist unbewusst. Es gibt doch diese Entscheidungen, bei denen man hinterher nicht weiß, warum man die Sache so und nicht anders angepackt hat. Egal, ob der Entscheid ein bewusster ist oder einer mit unbewusster, eingebauter Flexibilität: Wir lernen immer etwas. Auch dann, wenn das Abweichen vom bekannten Weg negativ ausfällt.

Was löst im Gehirn neue neuronale Aktivitäten aus?
Unser Gehirn ist immer aktiv, selbst im Schlaf, wenn die Sensorik ausgeschaltet ist, kann man Hirnwellen messen. Ungefähr neunzig Prozent der Aktivitäten finden intrinsisch statt, sind also nicht durch äußere Einflüsse initiiert. Das wenigste, was passiert, nehmen wir über unsere Sinne wahr. Das kommt uns zwar nicht so vor, weil wir immer hören und fühlen und, außer wenn wir schlafen, auch immer sehen. Neue neuronale Aktivitäten werden von den Nervenzellen des Gehirns ausgelöst. Sie generieren elektrische Signale,

diese nennen sich Aktionspotenzial und sind kurze Veränderungen in der Membranspannung. Jede Zellmembran hat eine kleine Batterie, wenn man kurz den Schalter umlegt, entsteht ein elektrisches Signal, ein Nervenimpuls. Die Verbindungsstellen zwischen den Nervenzellen sind isoliert durch den synaptischen Spalt, dort kann das elektrische Signal nicht direkt weiter fließen. Es wird via Neurotransmitter in ein chemisches Signal umgewandelt. Dieses dockt dann am Rezeptor der nachgeschalteten Zelle an und führt wieder zu einem elektrischen Signal, das zum nächsten synaptischen Spalt wandert. Im synaptischen Spalt, an der Verbindung zweier Nervenzellen, entsteht eine metabolische Veränderung, die dazu führt, dass das Signal effizienter übertragen wird, das nennt sich synaptische Plastizität.

Funktioniert die Übertragung eines Signals von einer Nervenzelle zur nächsten immer zuverlässig oder kann dabei auch mal etwas schiefgehen?

Das ist eine interessante Sache: Ein Übertragungspunkt zwischen zwei Nervenzellen ist nicht sehr verlässlich. Im Hippocampus, dort, wo initiales Lernen stattfindet, führt praktisch nur jeder dritte Nervenimpuls dazu, dass an jeder einzelnen Verbindungsstelle Neurotransmitter ausgeschüttet werden. Es kann auch sein, dass ein Nervenimpuls zum synaptischen Spalt gelangt und keine Übertragung stattfindet, das Signal wird nicht weitergeleitet. Das kann so weit gehen, dass eine bestimmte Zelle an einem Tag auf einen Reiz reagiert, am anderen Tag reagiert sie auf denselben Reiz nicht, am dritten Tag aber reagiert sie wieder. [2]

2 Lesen Sie dazu auch das Gespräch mit Josef Bischofberger, Professor für Neurophysiologie. Er erklärt, weshalb die zufällige Freisetzung von Neurotransmittern, die sogenannte Stochastik der synaptischen Transmission, für unser Gehirn äußerst wichtig ist. Ab Seite 199.

Merken wir das?
Nein, weil wir so viele Verbindungen haben, so viele Verarbeitungswege, fällt uns das nicht auf. Unser Gehirn ist sehr verlässlich, auch wenn es die einzelnen Nervenzellen nicht sind.

Sorgt dieses unzuverlässige Reagieren dafür, dass unser Gehirn flexibel bleibt?
Ja genau, diese Idee vertrete ich. Unser Gehirn braucht Flexibilität, damit wir die ständige Datenflut verarbeiten können und dabei nur die relevanten Sachen speichern.

Dreijährige Kinder haben die größte Zahl an Nervenzellen, die ein Mensch haben kann. Weshalb ist das so und wohin verschwindet ein Teil der Neuronen, wenn wir heranwachsen?
Die Entstehung von neuen Nervenzellen ist mit der Geburt eines Menschen noch nicht abgeschlossen. Die stärkste Zellteilung, das größte Wachstum passiert, bevor wir dreijährig sind. Bis zu diesem Alter wird das doch recht komplizierte Gehirn des Menschen strukturiert, neue Zellen entstehen und müssen an die richtige Stelle kommen. Gleichzeitig sterben bereits in diesem jungen Alter Zellen ab, damit auch das Gehirn des Kleinkinds flexibel bleibt. Ungefähr im Alter von drei Jahren ist das Wachstum der Nervenzellen abgeschlossen. Ab diesem Zeitpunkt verlangsamt sich die Neurogenese, bis keine neuen Zellen mehr entstehen. Mit einer Einschränkung – im Gyrus dentatus, im Hippocampus, gibt es bei vielen Säugetieren weiteres Zellwachstum. Aus einem Pool von Stammzellen, die sich weiter teilen, entstehen vollwertige Neuronen, die mit anderen Neuronen Verknüpfungen bilden können. Es gibt Evidenz, dass dieser Prozess auch beim Menschen stattfindet.[3]

3 Die Neurogenese, das Entstehen von neuen Nervenzellen, ist auch im Gespräch mit Professor Josef Bischofberger Thema, ab Seite 191.

Lässt sich die Neurogenese, die Entstehung von neuen Nervenzellen, durch eine bestimmte Lebensführung verstärken?

Die Neurogenese beim Menschen ist ein komplexer Prozess. Noch ist sie zu wenig erforscht, um zu sagen, mit welcher Lebensführung man sie positiv beeinflussen könnte. Es gibt Studien, die behaupten, dass andere Plastizitätsmechanismen besser funktionieren, wenn man bestimmte Lebensmittel isst.

Welche wären das?

Bei einem Vortrag, den ich besuchte, wurden Omega-3-Fettsäuren propagiert. Mäuse, die damit gefüttert wurden, schnitten bei Lernprozessen besser ab als Mäuse, die normales Futter bekommen hatten. Aber mir sind keine Lebensmittel bekannt, die unser Gehirn lebenslänglich jung, dynamisch und fit halten. Gäbe es sie, hätte die Lebensmittelindustrie mit entsprechenden Rezepturen bestimmt bereits viel Geld verdient. Wenn ich Vorträge über Lernprozesse halte, werde ich oft gefragt, mit welcher Nahrung das Gedächtnis unterstützt werden kann. Beim Lernen ist Kalzium ein wichtiges Signal, für die Ausschüttung von Neurotransmittern und für die synaptische Plastizität, es löst die chemischen Veränderungen in den Nervenzellen aus. Die Leute fragen dann: Sollen wir mehr Kalzium essen? Nein, das sollen sie nicht, das würde auch nichts bringen. In unserem Gehirn gibt es Prozesse, die die Konzentration der einzelnen Ionen in einer nahezu konstanten Balance halten, die man nicht beeinflussen kann. Das muss so sein, es darf in unserem Gehirn keine Schwankungen geben, sonst wären wir nicht funktionsfähig.

Wenn wir von der Plastizität des Gehirns sprechen, reden wir von einem positiven Prozess. Können sich mit Plastizität auch schlechte Angewohnheiten im Gehirn etablieren?
Ja. Es gibt Pathologien der synaptischen Plastizität. Das passiert dann, wenn die Plastizität nicht gewollt ist, das klassische Beispiel dafür ist Abhängigkeit. In diesem Fall wird im Belohnungssystem, dort, wo der Neurotransmitter Dopamin ausgeschüttet wird, die Ausschüttung mit Substanzen, beispielsweise mit Kokain, aktiviert. Bereits nach kleinen Dosen, manchmal schon nach einmaligem Konsum, sieht man Veränderungen an den Synapsen. Diese Veränderungen können sich zwar teilweise wieder zurückbilden, der Zustand der Nervenzellen ist aber nicht mehr der gleiche wie vor dem Kokain-Konsum, es bleibt ein sekundäres Gedächtnis, ein Suchtgedächtnis zurück. Das ist das Prinzip der Metaplastizität: Es bleibt eine Art Gedächtnisspur erhalten. Das macht die Behandlung von Abhängigkeit so schwierig. Selbst wenn man clean ist, reicht ein einmaliger Konsum und man steckt wieder in der Sucht drin. Diese synaptischen Plastizitätsmechanismen werden durch chemische Signale getriggert, im Fall einer Drogensucht durch Drogen. Das verändert die Verarbeitung der Signale, das Belohnungszentrum braucht stärkere Reize, damit es aktiviert wird. Was passiert: Man konsumiert mehr Drogen.

Manche Menschen werden im Nu abhängig, andere weniger schnell. Womit hat dies zu tun?
Ich kann es nicht genau sagen. Wahrscheinlich spielt Prädisposition eine Rolle, genetisch oder epigenetisch bedingte. Dann gibt es Erkrankungen, die auf Lernmechanismen beruhen. Posttraumatische Stresssyndrome zum Beispiel. Menschen, die an einem solchen Syndrom leiden, haben etwas sehr Negatives erlebt, das sich in ihr Gedächtnis eingebrannt

hat. Vielleicht waren sie in einem Krieg oder sie wurden vergewaltigt. In beiden Fällen waren sie extrem gestresst, ihre Aufmerksamkeit entsprechend sehr hoch. Und immer, wenn wir sehr aufmerksam sind, schüttet unser Gehirn Stoffe aus, welche die Plastizität unterstützen, wir lernen in solchen Momenten sehr leicht. Die Veränderungen, die nun entstehen, können wir kaum mehr vergessen. Das Kriegstrauma, die Vergewaltigung, beides vergisst man nie mehr. Es ist zwar ein singuläres Ereignis, aber passiert in einem Zustand höchster Aufmerksamkeit. Dieser generiert im Gehirn einen Cocktail, der eine Gedächtnisspur legt. Auch Angstzustände können gelernt werden. Wie man diese wieder abbauen kann, das studieren wir im Tiermodell. Zuerst ängstigen wir das Tier mit einem Elektroschock und spielen gleichzeitig einen Ton ab, das Tier friert ein, es bewegt sich nicht mehr, den Ton assoziiert es mit Bestrafung. Wenn man später nur den Ton abspielt, friert das Tier auch ohne Elektroschock ein, es hat gelernt, dass der Ton Gefahr bedeutet. Doch wenn wir den Ton abspielen und dazu bestimmte Substanzen verabreichen, die mit der Konsolidierung von Gedächtnisinhalten zusammenkommen, können wir dieses Angstgedächtnis löschen. Wir sprechen von Rekonsolidierung. Das Tier muss nochmals durch die Angst hindurch, der betroffene Mensch muss sein Trauma noch mal erleben. Wenn man sich an Dinge erinnert, wenn also Nervenzellen zusammen aktiv sind, gibt es eine gewisse Phase, die wir plastischen Zustand nennen, der Gedächtnisinhalt ist nun labil. Geben wir dem Menschen oder dem Tier in dieser Phase eine positive Assoziation, kann der negative Gedächtnisinhalt damit überschrieben werden. Das Zeitfenster dafür ist allerdings nur kurz.

Wenn ich Sie richtig verstehe, muss man genau wissen, wann es eintritt. Müsste die Rekonsolidierung, damit sie gelingt, unter Laborbedingungen stattfinden?
Wahrscheinlich schon. Ich weiß nicht, ob sich jemals eine solche Therapie entwickeln lässt. Das, was in der Gesprächstherapie gemacht wird, basiert möglicherweise zellulär auf solchen Prozessen.

Weshalb gibt es trotz intensiver Hirnforschung in der Behandlung von psychischen Erkrankungen oder von chronischen Schmerzen nicht mehr Erfolge?
Ich kann nur von chronischen Schmerzen sprechen. Häufig haben chronische Schmerzen einen Auslöser, eine Quetschung zum Beispiel oder die Degeneration von peripheren Nerven bei Diabetes. Diese Auslöser führen zu einer erhöhten Aktivität der Nervenzellen, die Schmerz verarbeiten. Sind diese Zellen verstärkt aktiv, finden Plastizitätsmechanismen statt. Bei chronischen Schmerzen laufen die Plastizitätsmechanismen in eine falsche Richtung, die Veränderungen bleiben bestehen, auch wenn die Ursache des Schmerzes nicht mehr vorhanden ist, alles ist verheilt, auch eine Läsion am Nerv ist nicht mehr zu erkennen. Manchmal bilden sich die Veränderungen wieder zurück, aber langsam, manchmal aber bleiben sie bestehen. Nervenzellen können von sich aus aktiv werden, ohne äußere Einflüsse. Sind die Zellen, die Schmerz verarbeiten, spontan aktiv, nimmt man Schmerzen wahr, obwohl nirgends eine Verletzung ist, das passiert bei Menschen mit chronischen Schmerzen häufig.

Ist es deshalb so schwierig, diese Schmerzen zu behandeln?
Ja, weil praktisch in allen Zellen, die an der Schmerzverarbeitung beteiligt sind, Veränderungen stattfinden. Außerdem hat jeder Forscher sein Lieblingsgebiet und guckt sich immer

nur einen kleinen Teil des großen Ganzen an. Wenn wir unsere Arbeiten vergleichen, entdecken wir manchmal gegenläufige Reaktionen. Wenn es gelingt, ein Medikament zu entwickeln, das die Erregbarkeit der Nervenzellen reduziert und damit auch die Wahrnehmung des Schmerzes, kann dies in einem anderen Gehirnareal, das ebenfalls Schmerzen verarbeitet, den gegenteiligen Effekt hervorrufen. Die Entwicklung neuer Medikamente wird deshalb erschwert, weil wir nicht genau wissen, an welcher Schraube wir drehen sollen. Wir möchten mit unseren Eingriffen in die Plastizitätsprozesse ja nicht die erwünschten, normalen Lernprozesse behindern. Das Gehirn ist bei chronischen Schmerzen aus der Balance. Das Gehirn als Organ hat sich verändert. Es interpretiert seine eigene Aktivität, ohne dass es einen Anlass dafür gibt, als schmerzhaft, als unangenehm. Das ist für die Betroffenen ein ziemlich schlimmer Zustand. Denn der Schmerz, der sich verselbstständigt, ist real. Er ist organisch, weil sich die Nervenzellen verändert haben. Chronischer Schmerz ist keine psychische Krankheit, auch keine psychogen bedingte. Wenn jemand Schmerzen hat, dann hat er Schmerzen! Auch wenn man ihm nichts ansieht oder man nichts findet. Man darf auch nicht vergessen, dass es unter Schmerzpatienten Leute gibt, bei denen nach eingehender Untersuchung doch etwas entdeckt wird, etwas, das auf einen Nerv drückt, zum Beispiel. Das Einzige, was man bei chronischen Schmerzen derzeit tun kann: Die verschiedenen zugelassenen Schmerzmittel ausprobieren und schauen, ob eines davon hilft. Menschen, die bereits über eine längere Zeit chronische Schmerzen haben, können kaum erwarten, dass die Schmerzen komplett verschwinden. Man kann sie mit bestimmten Medikamenten und mit ganzheitlichen Ansätzen, die von Bewegungs- bis Verhaltenstherapien reichen, reduzieren.

Was passiert bei Phantomschmerzen im Gehirn?

Die Mechanismen sind noch lange nicht alle bekannt. Die einfachste Erklärung wäre, dass die Nervenzellen nach einer Amputation falsche Signale senden. Aber wenn man diese Signale unterdrückt, können die Schmerzen trotzdem noch da sein. Patienten mit Phantomschmerzen nehmen den Arm, der amputiert wurde, immer noch wahr. Mit der Zeit verändert sich diese Wahrnehmung und es passiert etwas, das wir Teleskoping nennen. Der Armstumpf verkürzt sich und verdreht. Allein die Vorstellung tut weh. Phantomschmerzen sind wie chronische Schmerzen eine Pathologie der neuronalen Plastizität. In diesem Fall entsteht sie im somatosensorischen Cortex, dieser wird über die Hautareale der amputierten Extremität beeinflusst. In Studien konnte gezeigt werden, dass die Nervenzellen der amputierten Gliedmaße nicht mehr aktiviert werden. Doch weil sie wieder etwas zu tun brauchen, verknüpfen sie sich über intrinsische Plastizitätsmechanismen, also über Prozesse, die wir nicht bewusst steuern können, mit anderen Nervenzellen und generieren Aktivitätsmuster, die nicht richtig interpretiert werden. Über die Schmerz-Rezeptoren in der Haut entstehen Verbindungen in Schmerzareale. Und plötzlich werden Signale gesendet, die von den Schmerzarealen als Schmerz interpretiert werden.

Wie kann Menschen mit Phantomschmerzen geholfen werden?

Manche können ihre Schmerzen dank der Spiegeltherapie lindern. Der Patient mit einem amputierten Arm setzt sich hin und legt seinen Stumpf hinter einen Spiegel. Im Spiegel sieht er seinen gesunden Arm und nimmt diesen als zweiten, gesunden Arm wahr. Durch dieses visuelle Feedback werden die Gliedmaßen anders wahrgenommen. Das kennen wir aus dem Plastikhand-Experiment. Bei diesem setzt sich eine Person an einen Tisch, legt eine Hand auf die Tischplatte und die andere unter dem Tisch auf den Oberschenkel. Anstelle der fehlenden Hand wird eine Gummihand auf den Tisch gelegt. Beginnt nun eine zweite Person die Gummihand auf dem Tisch und die Hand, welche die Versuchsperson auf den Oberschenkel gelegt hat, mit einem Pinsel synchron zu streicheln, glaubt die Versuchsperson, sie spüre die Berührung in der Gummihand, das Gehirn hat die Gummihand in sein Körpermodell integriert. Am Schluss des Experiments haut man mit einem Hammer auf die Gummihand. Der Proband erschrickt sehr und will die Gummihand wegziehen.

Im Gehirn gibt es Spiegelneuronen. Wozu sind die gut?

Die Spiegelneuronen sind Imitationsneuronen: Wir lernen vom Verhalten des Gegenübers. Spiegelneuronen findet man auch in Tieren. Ratten können aus der Beobachtung anderer Ratten lernen. Eine Ratte, die sieht, wie eine andere Ratte mit dem Laser schmerzhafte Impulse verabreicht bekommt, kann die Schmerzen nachvollziehen; im Gehirnareal, das Schmerz verarbeitet, sind dieselben Neuronen aktiv wie beim Tier, das tatsächlich Schmerzen hat. Schmerzen und Empathie hängen eng zusammen. Es gibt Schmerzen, die keine organischen sind. Herzschmerz, wenn wir verlassen werden, Schmerzen, weil wir von einer Gemeinschaft ausgegrenzt werden. Dazu gibt es eine interessante Studie.[4] Ein Proband legte sich in einen bildgebenden Scanner. Ihm wurde gesagt, in den beiden anderen Räumen würden zwei weitere Probanden liegen. Man erklärte ihm, dass er mit den anderen beiden ein Computer-Ballspiel machen werde und man schauen wolle, wie alle drei miteinander interagierten. Der Proband sah seine Mitspieler auf einem Display als Comicmännchen, er sah sich und die anderen spielen, sah, wie

4 N. Eisenberger, M. Lieberman, K. Williams: »Does rejection hurt? An fMRI Study of Social Exclusion«, *Science* (Oktober 2003) 302, S. 290–292.

sie sich alle im Kreis einen Ball zuwarfen. Was er nicht wusste: Die beiden anderen waren computergesteuerte Männchen. Irgendwann hörte der Computer auf, dem Probanden den Ball zuzuwerfen. Die beiden Comicmännchen spielten nur noch miteinander, grenzten die Versuchsperson aus. Da ging bei ihr der Gyrus cinguli an, die Gehirnregion, die auch bei Schmerzen aktiv ist. Aus diesem Experiment resultierte die Theorie, dass Schmerz und emotionaler Schmerz das gleiche neuronale Netzwerk benutzen. Die Arbeit wurde stark kritisiert, aber sie ist nach wie vor populär und wurde bis heute auch nicht widerlegt.

Was passiert in unserem Gehirn, wenn wir sterben?
Darüber weiß ich wenig. Es hängt davon ab, wie wir sterben, ob wir einen Unfall haben oder einen natürlichen Tod, bei dem das Herz aufhört zu schlagen. In letzterem Fall bekommt unser Gehirn zu wenig Blut und damit auch zu wenig Sauerstoff. Das löst wahrscheinlich eine Kettenreaktion aus, die Nervenzellen können ihr Membranpotenzial nicht mehr halten, sie werden sehr stark aktiviert, alle Nervenzellen, gleichzeitig werden auch alle Neurotransmitter, die im Gehirn vorhanden sind, ausgeschüttet und das löst dann hoffentlich einen fröhlichen Zustand aus.

Nehmen Sie als Neurowissenschaftler Ihr Gehirn anders wahr als Menschen, die sich nicht professionell mit dem Denkorgan befassen?
Ich reflektiere nicht die ganze Zeit über mein Gehirn, ich habe gar nicht die Zeit dafür. Vielleicht beobachte ich andere Menschen genauer, zum Beispiel pubertierende Kinder. Und weiß dann, weshalb sie nicht anders reagieren können, als sie es gerade tun. Ob die Kinder meine Überlegungen dann auch hören wollen, ist eine andere Sache. Sie wollen in der Pubertät ja oft nicht verstanden werden. Und wenn ich

beim Zahnarzt sitze und der mir an den Zahn will, denke ich über Schmerzen nach und wie mein Gehirn sie verarbeitet und entscheide mich dann dafür, mir eine Spritze geben zu lassen.

Kurzbiografie Thomas Nevian

Thomas Nevian, geboren 1972 in Oberhausen, studierte an den Universitäten Duisburg und Heidelberg sowie an der schottischen University of St. Andrews und der US-amerikanischen Cornell University Physik und Biophysik. Seit 2012 ist er ordentlicher Professor für Physiologie an der Universität Bern. Er forscht vor allem zur synaptischen Plastizität von Neuronen; die Veränderung von Nervenzellen gilt als grundlegender Mechanismus für die Fähigkeit unseres Gehirns, lebenslänglich zu lernen und sich an neue Gegebenheiten anzupassen. Sie ist aber auch bei der Entstehung von chronischem Schmerz von entscheidender Bedeutung.
Thomas Nevians Forschung: www.tinyurl.com/thomasnevian

15

»Die neuronale Informationsvermittlung im Gehirn braucht Flexibilität. Sie ist die Grundvoraussetzung für jede Form von Kreativität.«

Professor Josef Bischofberger forscht an der Universität Basel zum lebenslangen Lernen. In Experimenten mit Mäusen entdeckte er, dass im Hippocampus, einer wichtigen Region für das Gedächtnis, neue Nervenzellen entstehen, die das Lernen erleichtern.

Wachsen auch im Gehirn, wie im restlichen Körper, immer wieder neue Zellen?

In den meisten Regionen des erwachsenen Gehirns entstehen keine neuen Nervenzellen. Eine Ausnahme von dieser Regel ist der Hippocampus im Temporallappen des Cortex. Für dieses Gehirnareal gibt es sehr viele Befunde, die zeigen, dass nicht nur im Gehirn von Tieren, sondern auch im menschlichen Gehirn ein Leben lang neue Zellen gebildet werden.[1] Ich arbeite vor allem mit Mäusen, in den letzten zwanzig, dreißig Jahren ist das Wissen über die Neubildung von Ner-

1 P. Erickson, E. Perfilieva et al.: »Neurogenesis in the adult human hippocampus«, *Nature Medicine* (1998), Band 4, S. 1313–1317.

venzellen im Hippocampus nahezu explodiert, es gibt dazu viele Studien. Beim Menschen aber ist die Forschung limitiert, man kann ja nicht einfach den Kopf aufschneiden und nachschauen, wie viele neue Zellen sich im Hippocampus gebildet haben. Einen wichtigen Punkt für die Erforschung der Neurogenese beim Menschen markierten die oberirdischen Atombombentests, die vor allem zwischen 1956 und 1963 stattfanden. Bei diesen Tests wurde das Kohlenstoff-Isotop C14 freigesetzt und der C14-Gehalt in der Atmosphäre verdoppelte sich. Die Wissenschaft nennt dies den C14-Peak. C14 wird von Lebewesen aufgenommen, in die DNA von neuen Zellen eingebaut und bleibt dort praktisch stabil erhalten. Diese Tatsache machte sich ein Forschungsteam um den Wiener Physikprofessor Walter Kutschera und den schwedischen Hirnforscher Jonas Frisén zunutze. Sie suchten im Gehirn von Verstorbenen, die vor dem C14-Peak geboren worden waren und zehn, zwanzig oder dreißig Jahre danach starben, nach Nervenzellen, in deren DNA der C14-Gehalt erhöht ist.

Was fanden sie?

Sie sahen, dass der C14-Gehalt in der DNA von sämtlichen Nervenzellen niedrig war, in der DNA von vielen Hippocampus-Neuronen aber war er hoch.[2] Das lässt sich nur damit erklären, dass diese Zellen erst nach der Geburt der Menschen entstanden sind. Es hatte also eine Neubildung von Nervenzellen, das heißt eine Neurogenese stattgefunden.

Weshalb ausgerechnet im Hippocampus?

Weil er für bewusste Lernprozesse und für bewusste Erinne-

2 K.L. Spalding, O. Bergmann, K. Alkass, S. Bernard, M. Salehpour, H.B. Huttner, E. Boström, I. Westerlund, C. Vial, B.A. Buchholz, G. Possnert, D.C. Mash, H. Druid, J. Frisén: »Dynamics of Hippocampal Neurogenesis in Adult Humans«, *Cell* (2013), Band 153, S. 1219–1227.

rungen eine entscheidende Region ist. Wir glauben, dass der Hippocampus eine große Vernetzungsmaschine ist: Hier laufen die Informationen zusammen, hier wird alles mit allem verknüpft. Man sagt vom Hippocampus auch, er sei ein schneller Lerner. Synaptische Plastizität findet überall im Cortex statt, im Hippocampus aber werden die synaptischen Verbindungen besonders schnell angepasst.

Seit wann ist dies bekannt?

Die Hippocampus-Forschung nahm in den Fünfzigerjahren des letzten Jahrhunderts Fahrt auf, durch die Arbeiten des Neurochirurgen William Beecher Scoville und der Psychologin Brenda Milner. Die beiden behandelten Epilepsie-Patienten und schnitten dabei Teile des Gehirns heraus. Zu ihren Patienten gehörte auch Henry Molaison, in der Hirnforschung bekannt als H. M. Er litt unter sehr schweren epileptischen Anfällen. Weil es im Hippocampus viele und starke Vernetzungen gibt, dachte Scoville: »Wenn wir dieses Gehirnareal entfernen, hat Molaison möglicherweise nicht mehr so viele epileptische Anfälle.« Also operierte er den Hippocampus mitsamt weiteren Teilen des Temporallappens heraus und tatsächlich war H. M. von den epileptischen Anfällen befreit.[3] Doch fortan konnte er sich nichts Neues mehr merken. Jeden Morgen, wenn der Arzt und die Schwestern zur Visite kamen, waren sie für H. M. Fremde, und er wusste auch nicht, wo er war. Er konnte sich nur noch an seinen Namen und sein Alter erinnern und an Ereignisse, die ein

3 W. B. Scoville u. B. Milner: »Loss of recent memory after bilateral hippocampal lesions«, *Journal of Neurology, Neurosurgery and Psychiatry* (1957), Band 20, S. 11–21. Nach Henry Molaisons Tod im Jahr 2008 interessierten sich Wissenschaftler für sein Gehirn. H. M.s Lebensgeschichte und was nach seinem Tod mit seinem Gehirn geschah, beschreibt unter anderem ein Text des Magazins *Der Spiegel:* »Gefangen im Jetzt. Wissenschaftler rekonstruieren das einzigartige Gehirn von Henry Molaison. Bis heute gilt der Mann ohne Gedächtnis als berühmtester Patient der Neuropsychologie«, spiegel.de.

halbes Jahr vor der Operation passiert waren oder noch länger zurücklagen. Nach der Operation an H. M. erkannte man, dass der Hippocampus zentral ist für bewusstes Lernen und bewusstes Erinnern.

Davon hatte man bis dahin keine Ahnung?

Nein, das war bis in die Fünfzigerjahre praktisch unbekannt. Was ein bisschen in die Richtung deutete, waren Entdeckungen, die Wilder Penfield gemacht hatte. Der couragierte Neurochirurg behandelte während des Zweiten Weltkriegs Hirnverletzte. Er überlegte genau, wo im Gehirn er schneiden darf und wo nicht. Zu diesem Zweck steckte er Elektroden ins Gehirn seiner Patienten und schaute, was passiert, wenn er die verschiedenen Areale stimuliert. So kartierte er das Gehirn und entdeckte den Homunculus, die menschenartige Struktur im primären motorischen Cortex. Stimulierte er sie, zuckte irgendwo am Körper ein Muskel, abhängig davon, welches Körperareal die berührte Homunculus-Stelle repräsentiert. Als Penfield nun Elektroden in den Hippocampus steckte, löste der Stromimpuls bei den Patienten spontane Erinnerungen aus, einer erzählte auf dem OP-Tisch, er sähe sich Pizza essen.

Wie werden denn die neuen Zellen im Hippocampus gebildet? Welche Anregung braucht es dafür?

Bei den Mäusen passiert dies durch physische Aktivität. Wenn sie etwa in einem Laufrad rennen, regt das die Stammzellen im Hippocampus an, sich zu teilen. Weil aber die jungen Zellen schnell wieder absterben können, brauchen sie fürs Überleben mentale Herausforderungen. Dafür setzen wir die Mäuse in große, interessante Käfige, in denen sie herumlaufen und unterschiedlichste Gegenstände beschnuppern können. Das führt dazu, dass die Nervenzellen reifen. Mit ihren langen Zellfortsätzen knüpfen sie über Wochen und Monate hinweg synaptische Verbindungen mit älteren Nervenzellen und fügen sich so ins bereits bestehende neuronale Netzwerk ein. Es gibt Hinweise, dass dies beim Menschen ähnlich funktionieren könnte.

Welche?

Wenn Menschen dreimal die Woche Ausdauertraining machen und dann Gedächtnis- und Lerntests lösen müssen, schneiden sie besser ab als die, die keinen Sport machen, das haben Studien gezeigt. Wir untersuchten auch bei den Mäusen, welchen Effekt die neuen Nervenzellen für ihr Lernverhalten haben, und erkannten, dass sie die Genauigkeit des Erinnerungsvermögens fördern. Es ist nicht so, dass es ohne Neurogenese kein Gedächtnis gibt. Selbst im Hippocampus gibt es Lernen auch ohne neue Nervenzellen, nämlich durch synaptische Plastizität. Aber in den Netzwerken entstehen Kapazitätsprobleme. Kommen in einem Netzwerk, das bereits sehr viele Verbindungen ausgebildet hat, neue Lerninhalte hinzu, beginnen die Informationen ungenauer abgespeichert zu werden. Das zeigt sich gut in einem Maus-Experiment, das wir gemacht haben.[4] Wir präsentierten den Mäusen verschiedene Objekte, ähnlich den Schachfiguren. Einige waren sehr unterschiedlich, andere relativ ähnlich. Erst stellten wir ihnen zwei gleiche Objekte in den Käfig, Mäuse sind neugierige Tiere, also beschnupperten sie die beiden Objekte intensiv. Tags darauf gaben wir ihnen wieder zwei Objekte, eines davon kannten sie bereits vom Vortag, das andere war neu. Das neue beschnupperten sie viel häufiger und viel intensiver als das bekannte. Nun begannen wir die Objekte unterschiedlich ähnlich zu machen, wir zeigten ihnen zum Beispiel einen weißen Kegel und eine weiße Pyramide. Je ähnlicher die Figuren wurden, umso

4 L. Bolz, S. Heigele, J. Bischofberger: »Running Improves Pattern Separation during Novel Object Recognition«, *Brain Plasticity* (2015), Band 1, S. 129–141.

stärker hing das Erkennen der Unterschiede davon ab, wie viel neue Nervenzellen die Mäuse in ihrem Hippocampus gebildet hatten. Mäuse mit mehr Neurogenese konnten feinere Unterschiede erkennen und sich merken. Das heißt, die Genauigkeit des Erinnerungsvermögens wird durch eine gesteigerte Neurogenese verbessert. Ältere Menschen neigen häufig dazu, bei vielem, was sie sehen, zu sagen: »Das kenne ich schon.« Manchmal stimmt das, oft aber nicht. Die Frage ist eben: Wie genau gucke ich hin? Je mehr neue Nervenzellen wir in unserem Hippocampus haben, desto genauer können wir Unterschiede erkennen.

Weil die Neurogenese die neuronalen Netzwerke unterstützt.
Exakt. Englisch heißt dies Pattern Separation, auf Deutsch in etwa Mustertrennung. Sie bezeichnet, wie genau wir eingehende neuronale Muster voneinander unterscheiden können. Sie hilft, Details zu erkennen, die anders sind als gewohnt, und macht, dass wir genauer hinschauen oder genauer hinhören.

Wie lange muss ich denn Sport treiben und mein Gehirn fordern, bis ich vom positiven Effekt der Neurogenese profitieren kann?
Das ist ein Prozess, der einige Wochen dauert. Erst erzeugt die sportliche Aktivität einen Wachstumsfaktor, der die Zellteilung anregt. Am Tag, an dem die Zellen neu gebildet werden, verbessern sie das Gedächtnis noch nicht. Dafür müssen sie erst reifen und ins neuronale Netzwerk integriert werden – bei der Maus wie beim Menschen – und das tun sie nur, wenn auf die sportliche Aktivität mentale Aktivität folgt.

Müssen beide Aktivitäten am gleichen Tag geschehen?
Nein, überhaupt nicht. Wir wissen, dass die Nervenzellen beim Menschen ungefähr ein halbes Jahr lang jung sind. Und

solange sie sich in diesem jungen Zustand befinden, sind sie leicht erregbar und können besonders leicht neue Kontakte knüpfen.[5] Wenn ich in dieser Zeit mein Gehirn nach regelmäßigen sportlichen Aktivitäten genauso regelmäßig herausfordere, helfen mir die neuen Zellen ein halbes Jahr lang, mir Sachen besser zu merken.

Welche Bewegung unterstützt die Neurogenese? Joggen, Schwimmen, Radfahren oder auch Yoga?

Im Rahmen einer Studie gingen die einen Versuchsteilnehmer dreimal die Woche Nordic Walken und die Kontrollgruppe machte dreimal die Woche Yoga.[6] Lern- und Gedächtnistests zeigten, dass sich die Yogis nicht verbessert hatten, die Nordic Walker hingegen schon. Das heißt, sollen Gedächtnisleistung und das Lernen messbar verbessert werden, braucht es dreimal die Woche mindestens eine halbe Stunde lang anstrengendes Training, der Puls muss rauf. Überfordern aber sollte man sich mit dem Sport nicht, zu großer Stress hemmt die Neurogenese.

Wie funktionieren im Gehirn Neuronen, Neurotransmitter und Synapsen miteinander?

Die Informationsverarbeitung im Gehirn läuft über Zell-Ensembles. Ob eine einzelne Nervenzelle feuert oder nicht, ist egal, sie ist bedeutungslos. Wichtig sind die Ensembles, die neuronalen Netzwerke. Wenn man verstehen will, wie das Gehirn Informationen verarbeitet, wie die Zell-Ensembles aktiviert werden und wie sie andere En-

5 Ch. Schmidt-Hieber, P. Jonas, J. Bischofberger: »Enhanced synaptic plasticity in newly generated granule cells of the adult hippocampus«, *Nature* (2004), Band 429, S. 184–187.

6 K. Erickson, M. Voss, R. Prakash et al.: »Exercise training increases size of hippocampus and improves memory«, *PNAS* (2011), Band 108, S. 3017–3022.

sembles anstoßen, muss man wissen, wie die Synapsen[7] funktionieren, das sind die Kontakte zwischen den Nervenzellen. Eine einzelne Synapse ist sehr klein und sehr schwach. Ist nur eine aktiv, passiert meist nichts. Deshalb haben Nervenzellen in der Regel Tausende synaptische Verbindungen. Betrachten wir eine Zelle, sehen wir viele Verästelungen. An den Ästen sitzen kleine Dornfortsätze, das sind die Synapsen. Eine einzelne Nervenzelle hat bis zu 20 000 solcher Eingänge. Ich sage Eingänge, weil über die Synapsen Aktivität in die Zelle reinkommt und Strom zu fließen beginnt. Von Hunderten aktiven Synapsen fließen jeweils kleine Ströme zum Zellkörper hin. Sind die Ströme in der Summe groß genug, dreht die Polarität der Zelle vom Ruhepotenzial mit rund minus 70 Millivolt auf plus 50 Millivolt und gleich wieder zurück, und zwar innerhalb von einer Millisekunde. Das nennt sich Aktionspotenzial. Dieses wird vom Axon, dem Nervenzellfortsatz, zum präsynaptischen Ende der Nervenfaser geleitet, hin zu den Vesikeln, den kleinen Fettbläschen, in denen die Neurotransmitter gespeichert sind. Nun werden ein oder zwei Vesikel freigesetzt – manchmal aber auch keines –, Neurotransmitter entleert sich in den synaptischen Spalt, bindet an Rezeptoren der nachgeschalteten, postsynaptischen Zellen und erzeugt dort ebenfalls wieder ein Signal. Der Informationsfluss im Gehirn geht dann eine Station weiter.

7 Im Gehirn überträgt eine Synapse das Aktionspotenzial, das von einer Nervenzelle ausgeht, mit biochemischen Botenstoffen, den Neurotransmittern, zu einer anderen Nervenzelle. Eine Synapse besteht aus drei Elementen: Der Präsynapse, das ist die Zelle, von der das Aktionspotenzial ausgeht, der Postsynapse, sie empfängt das Signal, und dem synaptischen Spalt, dem Raum zwischen zwei Nervenzellen.

Für das Funktionieren des Gehirns ist aber nicht die einzelne Zelle und auch nicht die einzelne Synapse wichtig, sondern die Zell-Ensembles. Was passiert dort?
Richtig, eine einzelne Zelle, beziehungsweise eine einzelne Synapse ist klein und bedeutungslos. Interessant ist es dann, wenn dreißig, vierzig präsynaptische Nervenzellen gleichzeitig aktiv sind und dreißig, vierzig postsynaptische Zellen erregen, dann feuern diese auch und die Information wird weitertransportiert. Werden Synapsen auf diese Weise wiederholt gebraucht, wachsen sie und werden stärker. So hinterlassen die Erfahrungen, die wir machen, Spuren in unserem Kopf, die den Informationsfluss verändern – wir lernen dazu.

Sie sprachen bei der synaptischen Übertragung davon, dass manchmal am Ende einer präsynaptischen Zelle kein Neurotransmitter freigesetzt wird. Wieso nicht?
Weil die Freisetzung von Neurotransmitter an den Synapsen stochastisch funktioniert, das heißt, sie hat eine Zufallskomponente. Lernen funktioniert nicht nach dem Alles-oder-nichts-Prinzip, sondern unsere Erfahrungen verändern die Wahrscheinlichkeit, dass an den aktivierten Synapsen ein Transmitter freigesetzt wird. Diese Wahrscheinlichkeit liegt bei vielen Synapsen des Cortex nur zwischen zehn bis fünfzig Prozent. Für die synaptische Übertragung ist die Stochastik eine ganz wichtige Sache, die in der Öffentlichkeit überhaupt nicht thematisiert wird, die ich aber als fundamental betrachte.

Weshalb?
Die neuronale Informationsvermittlung im Gehirn braucht Flexibilität. Nur so können wir in einer sich ständig verändernden Umgebung überleben. Die Flexibilität, die in der zufälligen Neurotransmitterfreisetzung in den Synapsen

wurzelt, ist eine fundamentale Eigenschaft unserer geistigen Fähigkeiten. Ich glaube, sie ist die Grundvoraussetzung für jede Form von Kreativität. Es gibt viele Philosophen, die das überhaupt nicht verstanden haben, die geradezu Angst davor haben, dass die Physik der Nervenzellen entschlüsselt werden könnte. Sie befürchten, die Tatsache, dass unseren Gehirnfunktionen biologische Ursachen zugrunde liegen, würde bedeuten, dass alles, was wir tun, festgelegt ist und wir Opfer unseres Schicksals sind. Das ist Unsinn. Wie wir wissen, gibt es im menschlichen Denken eine Flexibilität, und die kommt nicht aus metaphysischen Sphären und auch nicht daher, dass irgendein großer Geist von fernen Galaxien uns etwas einhaucht, nein, die liegt in der Biologie der Nervenzellen versteckt, in der Stochastik. Das Schöne daran: Die Zufälligkeit kann geformt werden. Wenn wir Erfahrungen machen, wird durch synaptische Plastizität die Wahrscheinlichkeit erhöht, dass ein Vesikel freigesetzt wird, und zwar so, wie es die Umstände nötig machen oder wie es sinnvoll ist. Die relative Häufigkeit und Intensität der Erlebnisse formt sozusagen die relative Häufigkeit der Transmitterfreisetzung.

Und die Nervenzell-Ensembles sorgen dafür, dass die Information trotz Stochastik verlässlich weitergegeben wird.

Ja, aber das ist eine Frage der Anzahl der beteiligten Nervenzellen. Je größer das aktive Ensemble ist, desto verlässlicher ist die Weiterleitung. Nehmen wir an, Sie haben ein Ensemble von tausend Zellen. Nun aktivieren die erregenden Synapsen dieser Zellen mit einer Wahrscheinlichkeit von fünfzig Prozent jeweils mehrere Zellen eines nachgeschalteten Ensembles mit ebenfalls tausend Zellen. Außerdem erregen sich Zellen eines eingespielten Ensembles durch entsprechend gewachsene Synapsen oft auch gegenseitig. Wenn das alles zusammenkommt, können Sie sich darauf verlassen, dass das zweite Ensemble auch feuert und die Information sicher weitergeleitet wird. Ich denke, kleinere Zell-Ensembles fördern Kreativität, größere Verlässlichkeit.

Lassen Sie mich die Funktionsweise des Gehirns kurz zusammenfassen. In einer Nervenzelle entsteht ein elektrischer Impuls, der bis zum synaptischen Spalt zwischen zwei Neuronen geleitet wird. Hier geben die Vesikel die Neurotransmitter frei. Jetzt entsteht ein chemisches Signal, der Transmitter bindet an die Rezeptoren des nachgeschalteten Neurons und von dort geht es elektrisch wieder weiter.
Genau so ist es. Allerdings wird nicht jedes Mal, wenn eine Synapse aktiv ist, beim nachgeschalteten Neuron wieder ein Aktionspotenzial ausgelöst. Ein Aktionspotenzial in einer präsynaptischen Nervenzelle ist ein großes Ding, das geht von minus 70 Millivolt auf plus 50 und wieder zurück. Das synaptische Potenzial in der nachgeschalteten Zelle ist viel kleiner, 1 Millivolt oder ein halbes, es geht also zum Beispiel von minus 70 Millivolt auf minus 69,5. Nur wenn ich gleichzeitig in zwanzig bis dreißig benachbarten Synapsen dieses eine oder halbe Millivolt habe, entsteht in der Summe ein sogenanntes Schwellenpotenzial. Am Nervenzellkörper werden dann spannungsabhängige Ionenkanäle aktiviert. Wie elektronische Transistoren schalten sie auf Leitung und erst jetzt entsteht ein Aktionspotenzial, das weitergeleitet wird.

Gäbe es in der nachgeschalteten Zelle jedes Mal ein Aktionspotenzial, hätten wir wahrscheinlich ein Gewitter im Kopf.
Genau! Absolut richtig! Im Gehirn fände ein einziger großer epileptischer Anfall statt. Nun kann man sich natürlich fra-

gen, weshalb die Informationsübertragung von einer Zelle zur nächsten via Neurotransmitter funktionieren muss. Man könnte ja beispielsweise das große Aktionspotenzial beim synaptischen Spalt zwischen den Nervenzellen durch ein Nadelöhr, das heißt einen elektrischen Widerstand leiten und dann viel kleiner elektrisch weiter transportieren lassen. Auch das würde verhindern, dass sofort wieder ein Aktionspotenzial entsteht.

Und wieso passiert das nicht?
Weil es dann keine Stochastik gäbe.

Also keine Zufälligkeit, die unser Gehirn flexibel macht.
Ja, die fehlende Stochastik wäre das eine Problem. Es gäbe aber noch ein weiteres. Geschähe die Informationsübertragung von Nervenzelle zu Nervenzelle ohne Neurotransmitter, gäbe es lediglich eine Sorte von Signalen, nur erregende. Wir benötigen aber auch hemmende Zellen. Doch damit sie hemmen können, braucht es den Neurotransmitter Gaba, eine Substanz, die die Nervenzellen beruhigt. Gaba-Rezeptoren erzeugen kleine Lecks, die Nervenzellen weniger erregbar machen. Die Wirkung von Gaba zeigt sich deutlich bei der Einnahme von Diazepam. Der Arzneistoff hält die Gaba-Rezeptoren etwas länger offen.

Wofür brauchen wir denn hemmende Zellen?
Für die Präzision der Zell-Ensembles, damit nur bestimmte Zellen aktiv sind und nicht alle. Der neuronale Code braucht nicht nur die Einsen, sondern auch die Nullen, wie der Computer. Hätte der Computer nur Einsen, könnte er keine Information verarbeiten. Wenn wir in unserem Gehirn eine Information codieren, setzt sich das Zell-Ensemble, das ich dafür brauche, zum Beispiel aus den Zellen 1, 2 und 4 zusammen, Zelle 3 aber gehört nicht dazu. Damit die Information

im Gehirn richtig von einem Ort zum anderen transportiert wird, müssen manche Zellen erregt und andere gehemmt werden. Die Hemmung schärft den neuronalen Code.

In welcher Lebensphase findet in unserem Gehirn der größte Umbau statt?

Bis zum dritten Lebensjahr muss ein Kind ganz vieles lernen: sitzen, gehen, sprechen, selber essen. Die lokalen synaptischen Verbindungen erreichen deshalb um das dritte Lebensjahr ihren Höhepunkt und nehmen dann wieder ab. Die Langstreckenverbindungen aber nehmen weiterhin zu.

Was sind Langstreckenverbindungen?

Die Axone, die Ausgänge der Nervenzellen, können sehr lang sein und sie sind isoliert mit Myelin. Diese Myelinisierung wächst während der ganzen Kindheit und bekommt in der Pubertät nochmals einen Schub, dann wird die Isolation der langen Nervenzellfasern am stärksten geformt. Die Myelinisierung der langen Fasern macht es möglich, dass wir unterschiedlichste Informationen schnell zusammenbringen können, und sie erhöht die Leistung des Arbeitsgedächtnisses. Kleinkinder, deren lange Fasern noch nicht gut isoliert sind, haben nur wenige Sachen gleichzeitig im Kopf, sie verlieren sich meist im Erleben des Augenblicks. Erwachsene hingegen können in der Regel mehrere Dinge, die nichts miteinander zu tun haben, gleichzeitig im Arbeitsgedächtnis halten. Das ist nur möglich, weil wir sehr effektive Langstreckenverbindungen haben. Diese brauchen wir nicht nur, um all die Informationen zusammenzubringen, die über unsere Sinne ans Gehirn gelangen, sondern auch um die neu eingetroffenen Informationen mit Erinnerungen zu vergleichen, die wir aus dem Hippocampus abrufen.

Was passiert im Gehirn bei Geistesblitzen?
Das ist ein großer Moment der Kreativität, eine spontane Lernerfahrung ohne sensorischen Input. Man bringt plötzlich Sachen zusammen, die man vorher so nicht gesehen hat, Widersprüche sind aus dem Weg geräumt. Lernen ist ein aktiver Prozess, damit er funktioniert, müssen viele Elemente im Gehirn zugänglich sein. Das ist bei jeder Art von Lernen so. Wenn ich nicht aufmerksam bin, müssen Sachen hundertmal wiederholt werden, damit wenigstens ein bisschen was hängen bleibt. Bin ich hingegen sehr aufmerksam, reicht bereits ein kurzer Moment, um mir etwas zu merken. Es ist übrigens erstaunlich, dass selten thematisiert wird, wie schwierig Vergessen ist. Wenn man einmal in seinem Leben etwas erlebt und gelernt hat, bringt man das aus dem Kopf nicht mehr raus. Denken Sie an optische Trugbilder: Hat man die Täuschung erkannt, sieht man sie bei erneutem Hingucken sofort wieder. Das ist synaptische Plastizität! Da sehen Sie mal, wie stabil der Klebstoff zwischen den Nervenzellen sein kann.

Und doch gibt es dank der Stochastik Flexibilität im menschlichen Denken. Gibt es auch einen freien Willen?
Die Neurowissenschaften lassen keinen Spielraum für die Existenz eines freien Willens. Um es mit Schopenhauer zu sagen, kann der Mensch zwar tun, was er will, aber er kann nicht wollen, was er will. Wir haben auf unseren Antrieb und auf die Entstehung unseres Willens keinen Zugriff. Die Willensbildung läuft zu einem großen Teil unbewusst ab und erst in dem Augenblick, in dem wir etwas tun wollen, wird uns der entsprechende Wunsch bewusst. Wenn es nicht mit dem Teufel zugeht oder mit irgendwelchen anderen Mächten, die an uns herumschrauben – und es gibt keinen Grund, so etwas zu glauben –, dann muss der Wille aus unserer Biologie kommen. Also letztlich aus unseren Gefühlen, aus unserer Erfah-

rung, aus allem, was wir erlebt haben. Da kommt er her, und er ist nicht frei. Das heißt aber nicht, dass ohne freien Willen alles egal ist. Das Gegenteil ist der Fall. Die Tatsache, dass der Wille nicht frei ist, garantiert, dass unsere Entscheidungen viel mit unserer Persönlichkeit und unserer individuellen Geschichte zu tun haben.[8] Außerdem ist dank der Stochastik unserer Nervenzellen nicht alles von vornherein festgelegt. Es gibt sehr wohl eine gewisse Flexibilität und Kreativität. Allerdings ist Letztere nicht völlig beliebig – in unserem Gehirn schwappt nicht eine chaotische Gedankensuppe. Die Kreativität ist geformt und gefärbt durch Emotionen und Erlebnisse, die wir hatten, Dinge, die wir gesehen, Menschen, mit denen wir diskutiert haben – und Fehler, die wir gemacht haben. Aus all dem lernen wir. All diese Erfahrungen sorgen dafür, dass die Zufälligkeit der Neurotransmitterfreisetzung in den Synapsen nicht beliebig zufällig geschieht, sondern mehr oder weniger wahrscheinlich. Dies entscheidet, was wir denken.

Die Verfechter des freien Willens haben recht, wenn sie sagen: »Ich kann mich entscheiden, etwas zu tun oder etwas zu lassen.« Das ist richtig. Aber die Entscheidungsfindung basiert nicht auf einem freien Willen, sondern eben auf Erfahrungen mit einer gewissen Zufallskomponente. Ohne Erfahrungen würden unsere Entscheidungen fifty-fifty ausfallen und wir könnten sie genauso gut einem Zufallsgenerator überlassen. Die Stochastik der synaptischen Übertragung ist ein wunderschöner Ausweg aus dem Dilemma, dass es keinen freien Willen gibt, aber unser Verhalten trotzdem nicht vorbestimmt ist.

8 Michael Schmidt-Salomon, *Entspannt euch! Eine Philosophie der Gelassenheit* (2019).

Kurzbiografie Josef Bischofberger

Josef Bischofberger, geboren 1965 in Bad Saulgau, studierte an der Eberhard Karls Universität in Tübingen und an der Georg-August-Universität in Göttingen Physik und Neurobiologie. Nach der Promotion in Göttingen arbeitete er von 1996 bis Sommer 2009 als Postdoc und Gruppenleiter im Institut für Physiologie an der Universität Freiburg. Seit 2009 ist Bischofberger Professor für Neurophysiologie an der Universität Basel. Im Department Biomedizin erforscht er, welche Prozesse lebenslanges Lernen ermöglichen. Sein Hauptinteresse gilt dem Hippocampus, einem Gehirnareal im Cortex. In diesem Areal, das konnte er mit Mäuse-Experimenten zeigen, entstehen neue Nervenzellen, die das Lernen erleichtern. Bischofberger untersucht, was die Zellteilung anregt, wie mit den neuen Zellen neue synaptische Verbindungen geknüpft werden und wie die jungen Zellen Lernprozesse des Gehirns unterstützen.
Josef Bischofbergers Forschung: www.tinyurl.com/bischofberger

16

»Die wirklich interessanten Fragen sind in der Literatur beschrieben und kaum in den neurowissenschaftlichen Zeitschriften.«

Der Neurologe Jürg Kesselring sagt, weshalb Hirnforscher, die den Menschen auf einen Informationsaustausch zwischen Neuronen reduzieren, Wesentliches verpassen.

Was ist Bewusstsein?

Etwas sehr Komplexes, das unsere Existenz ausmacht. Wir sind überzeugt, dass das Bewusstsein ans Gehirn gebunden ist, weil es verschwinden kann, wenn Hirnfunktionen ausfallen. In der östlichen Philosophie existiert die Vorstellung eines Bewusstseins außerhalb des Gehirns. Es wäre es wert, wenn wir dieser Idee stärker nachgingen, als wir es heute tun. Wir betreiben Naturwissenschaft einseitig, wir sind darauf aus, Hirnfunktionen sichtbar zu machen, mit elektrischen Messungen, mit der Messung von Neurotransmittern, mit bildgebenden Verfahren. Doch mit diesen Methoden können wir ein Bewusstsein außerhalb des Gehirns nicht erfassen, ich schließe aber nicht aus, dass es ein solches gibt. Es ist wie in der Astronomie: Nur weil wir einen Stern nicht sehen, ist damit nicht bewiesen, dass es ihn nicht gibt, vielleicht genügt die Methode nicht, um ihn sichtbar zu machen. Ich könnte versuchen, indirekt Zugang zu bekommen zu Bewusstseinszuständen außerhalb des Gehirns, zum Beispiel über Menschen, die von Reinkarnationen berichten. Doch das ist mir zu ungenau. Ich wende andere Techniken an.

Welche?

Ich versuche Zusammenhänge zu erkennen, die ich nicht in meinem Gehirn habe, die ich bisher nicht gedacht habe. 2005 feierte der Dalai-Lama in Zürich seinen siebzigsten Geburtstag und dozierte eine Woche lang im Hallenstadion. Ich konnte einen Vortrag halten und nutzte die Gelegenheit, den Dalai-Lama als Gesprächspartner zu haben. Ich sagte, dass wir in der westlichen Medizin ziemlich gut seien in der Inkarnation, also in der Geburtsvorbereitung, der Geburtshilfe und in der Versorgung der Neugeborenen. In der Exkarnation aber, im Sterben, seien wir hilflos, uns fehlten spirituelle Lehrer, die uns helfen, den Umgang mit Sterbenden zu erleichtern. Ich fragte den Dalai-Lama, ob man Kontakt aufnehmen könne zu Wesen, in den Zeiten, da sie nicht inkarniert sind, also zwischen ihren Inkarnationen. Das sei möglich, sagte er. Für viele von uns ist die Antwort des Dalai-Lama Esoterik. Für mich war sie ein Schlüsselerlebnis. Ich wusste nun, dass es Methoden gibt, die über das hinausgehen, was wir anwenden.

Dieses Erlebnis öffnet Ihnen nun die Tür zu Bewusstseinszuständen außerhalb des Gehirns?

So einfach ist das nicht. Aber es hat bewirkt, dass ich mir heute noch häufiger als früher die Frage stelle, wie ich mein Gehirn gebrauchen kann. Ich stelle mir das Gehirn wie ein Instrument vor. Manche sagen, »du bist in deinem Gehirn, du kannst dich und das Gehirn nicht separieren«. Ich bin nicht so idealistisch, dass ich glaube, mein Wille sei so frei, dass ich alles, was ich machen will, auch machen kann, aber er ist sicher so frei, dass ich entscheiden kann, etwas nicht zu tun. Ich bin nicht einfach das Produkt meiner Hirnfunktionen. Dazu gibt es eine einleuchtende Analogie. Jascha Heifetz, der russisch-amerikanische Violonist, bekam von einem Bewunderer folgenden Satz zu hören: »Maestro, Ihre Geige klingt so wunderbar.« Heifetz hielt die Geige ans Ohr und sagte: »Ich höre nichts.« Es ist eben nicht die Geige, die spielt, sondern der Mensch, der sie spielt. So ist es auch mit dem Ich, mit dem Bewusstsein. Das Ich hat eine Geschichte. Und die ist interessant, der genetische Hintergrund und der epigenetische, die auf uns eingewirkt haben. Die Eltern, die Schulkollegen, das ganze Leben bis hin zum heutigen Punkt. Unsere Geschichte und damit die Geschichte unseres Gehirns geht immer weiter. In den Neurowissenschaften finde ich die Grundlagen für die Überzeugung, dass das Gehirn sich fortlaufend umbaut – es ist plastisch. Doch die Neuroplastizität läuft nicht außerhalb von mir ab, mein Leben, mein Erleben beeinflusst sie. Die Neurowissenschaft untersucht das isolierte Gehirn. Doch in der Natur gibt es kein isoliertes Gehirn, es ist immer in einen Kontext eingebunden, einen sozialen und einen physischen. Das Grundproblem jeder vernünftigen Neurowissenschaft ist es, den Übergang vom Geist zum Körper zu finden.

Wie gelingt es?

Das wissen auch die Hardcore-Neurowissenschaftler nicht. Was bringt das Gehirn dazu, die Bewegung zu initiieren, die ich machen will? Wir wissen im Detail, wie ein Aktionspotenzial von einer Nervenzelle zur nächsten weiterreist, wie schnell es unterwegs ist und was es dafür braucht. Aber wie es beginnt, ist nach wie vor nicht bekannt. Das Gehirn ist ein Organ, das uns immer wieder staunen lässt. Wenn wir uns allein die Zahlen vergegenwärtigen, die es ausmachen. Unser Gehirn hat 86 Milliarden Nervenzellen. Wenn wir geboren werden, haben wir schon fast alle. Während der Schwangerschaft stellt die Mutter für ihr Kind also pro Sekunde 4300 Nervenzellen her. Jede dieser Nervenzellen hat zwischen 1000 und 10 000 Verbindungen, die Synapsen. Würden wir beginnen, die Synapsen unseres Gegenübers zu zählen, pro Sekunde eine, sieben Tage die Woche, 365 Tage pro Jahr, wären wir 25 Millionen Jahre lang am Zählen. Oder wenn wir alle Nervenfasern, alle Axone im Gehirn aneinanderreihen würden, kämen wir zweimal um die Erde. Unser Kopf beherbergt ein Wunderwerk, ein Computer ist keine gute Analogie dafür, auch wenn er viel kann. Was unser Gehirn leistet, hat eine völlig andere Dimension. Zu tun hat es auch mit der Geschichte, die jeder Mensch hat. Ein Computer hat keine Geschichte, er hat weder eine Pubertät durchlebt noch weiß er, wie es ist, einen Menschen zu lieben, mit ihm eine Beziehung zu haben. Wir sollten das Staunen vor diesem Wunderwerk pflegen und etwas daraus machen.

Was?

Wir müssen Fragen stellen und nach Antworten suchen. Das ist Kreativität. Der Philosoph Blaise Pascal sagte, es gebe eine Kugel des Wissens in einem Meer des Unwissens. Je mehr ich weiß, desto größer wird die Kugel, desto mehr Berührungspunkte gibt es aber auch mit dem Unwissen: Wir haben mehr Fragen, unser Staunen wird größer und wir müssen in aller Bescheidenheit zugeben, dass die Welt, dass unser Leben, dass alles viel komplexer ist, als wir es uns vorstellen.

Muss man wach sein, um Bewusstsein zu haben?

Das ist eine sehr interessante Frage. Ich finde, die Art von Bewusstsein, von der wir reden, ist an Wachsein gebunden.

Ich habe das Gefühl, ich muss wach sein, um frei entscheiden, um handeln oder nicht handeln zu können. Dann kann ich Verantwortung übernehmen. Doch welche Verantwortung habe ich für das, was im Traum abläuft? Dazu gibt es unterschiedliche Ansichten. Manche Wissenschaftler sagen, der Traum laufe einfach ab, wir seien nicht beteiligt. Doch Träume erzählen immer Geschichten, die mit mir verknüpft sind. Auch Nietzsche sagte: »Wer soll denn im Traum verantwortlich sein, wenn nicht ich?« Jeder von uns hatte schon mal einen Traum, der fürs Leben richtungweisend war, weil danach, im Wachzustand, Entscheidungen folgten, die eindeutig im Traumbewusstsein wurzelten, in Ereignissen, zu denen ich bewusst keinen Zugang habe.

Wie kann mit einer Vollnarkose das Bewusstsein ausgeschaltet werden, obwohl man über das Bewusstsein kaum etwas weiß?

Die Medizin hat geforscht und ausprobiert, bis es klappte. Es gibt allerdings Fälle, in denen Menschen trotz Vollnarkose Bewusstsein haben. Das passiert gar nicht so selten. Es bedeutet aber nicht, dass die Menschen Schmerzen so empfinden wie jemand, der wach ist. Es gibt auch Nahtoderlebnisse während Vollnarkosen. Ich hatte Patienten, die mir schilderten, wie sie die Bergung nach dem Unfall und die darauffolgende Operation erlebten, obwohl sie nicht bei Bewusstsein waren. Als Arzt kann ich den Wahrheitsgehalt nicht überprüfen, aber meine Aufgabe ist es, die Glaubwürdigkeit abzuschätzen.

Wie machen Sie das?

Ich befrage außenstehende Beobachter. Wenn mir ein Patient detailliert erzählt, wie seine Operation verlaufen ist, und mir alle, die dabei waren, die erzählten Details bestätigen können, ist dies für mich glaubwürdig.

Wie kann die Materie Gehirn eine sinnliche Welt entstehen lassen?

Das ist ein ganz komplizierter Vorgang. Wir wissen einiges darüber, wie die Sinneseindrücke im Gehirn entstehen, zum Teil durch unterschiedliche Frequenzen. Wie diese dann aber zu einem Ganzen geformt werden, das ist kaum bekannt. Es gibt die Theorie, dass die Gammasynchronisierung eine Rolle spielt. Dass Frequenzen aus dem Gammabereich, um 40 Hertz, die unterschiedlichen Frequenzen des Visuellen, des Auditiven oder des Geruchs zu einer kompletten Sinneswahrnehmung synchronisieren. Wir sprechen von Wellen oder von Neurotransmittern, hemmenden und aktivierenden, aber wir können die Übersetzung der Wellen in ein sinnliches Bild nicht beschreiben, wir können lediglich versuchen, uns anzunähern, indem wir andere Menschen fragen, wie sie Farben sehen oder Gerüche wahrnehmen. Sie empfinden die Farbe des Roten Kreuzes auch als Rot. Aber Sie sind nicht in der Lage, einen Geruch so zu beschreiben, dass ich ihn verstehe, Sie müssen Analogien verwenden, es duftet wie eine Rose, es stinkt wie ein verdorbener Fisch.

Gibt es im Gehirn Raum für eine Seele?

Ich glaube nicht, dass man die Seele lokalisieren sollte. Mir gefällt der Ausdruck Person besser, weil er zurückgeht auf das lateinische Wort »personare«: Das, was durchklingt. Im römischen Theater war die Person auch die Maske, sie klang und sprach durch die Maske durch. Bei einem Hirnschlag oder bei Multipler Sklerose ist die Maske, das Gehäuse, verletzt, aber die Person dahinter nicht. Unsere Aufgabe als Therapeuten ist es, das Gehäuse so zu richten, dass die Person wieder durchklingen kann. Man kann auch Seele dazu sagen, aber die sitzt nicht irgendwo, wo ich sie feststellen könnte. Sich ausdrücken heißt ja auch, dass man den Körper nutzt, um etwas von sich in die Welt zu setzen und umgekehrt von der Welt auch etwas aufzunehmen. Ich glaube, dass man Hirnfunktionen nur durch eine Körperbewegung ausdrücken kann. Wenn wir mit anderen sprechen, bewegen sich unsere Stimmbänder und unsere Lippen. Wenn wir jemandem einen Brief schreiben, machen wir das von Hand, wenn wir einem Menschen zuzwinkern, tun wir das mit den Muskeln rund um die Augen. Ich bin aber interessiert an Berichten von Leuten, die sagen, dass zwischen zwei Menschen eine Übertragung ohne direkten Kontakt, ohne Körperbewegungen, stattgefunden habe. Das Beispiel der Mutter, die nachts in der Schweiz erwacht, weil ihr Kind in den USA einen Unfall hatte. Wir Neurowissenschaftler haben keine Ahnung, was in solchen Fällen passiert, wie eine solche Übertragung stattfinden kann. Aber wir wissen – es existiert nicht nur das, was wir beweisen können.

Die Reduktionisten unter den Hirnforschern sagen, wir Menschen seien das Produkt eines Informationsaustauschs unter Nervenzellen.

Es hat etwas Rührendes, das so simpel zu sehen. Es gibt noch andere Erkenntniswege als nur die Naturwissenschaft. Es ist wunderbar, was sie alles zustande gebracht hat, aber erkenntnismäßig ist ihr Beitrag nicht so groß. Wir müssen das Gehirn als Teil des ganzen Organismus betrachten, es bekommt aus der Muskulatur, dem Herz, dem Darm laufend Informationen. Und auch der Kontext, in dem wir leben, prägt es.

Glaubte man den Reduktionisten, wären Ängste, Machtfantasien, Kriminalität, unser ganzes Verhalten einzig durch unser Gehirn gesteuert.

Obwohl ein großer Teil wahrscheinlich schon über das Gehirn gesteuert wird, bestimmt der Mensch mit seinem Denken und seinen Erfahrungen mit. Wenn mein Gehirnimpuls mir sagt, ich solle Sie ermorden, kann ich sagen: Nein, das mache ich nicht. Denken Sie an Raskolnikow in Dostojewskis *Schuld und Sühne*. Er hat die Witwe, diese ekelhafte Wucherin, umgebracht und auch ihrer Schwester, die ihn bei der Tat überraschte, mit einem Beil den Kopf gespalten. Das Schuldgefühl, das er danach hatte, veränderte sein Leben. Das sind die wirklich interessanten Fragen, die sind in der Literatur beschrieben und kaum in den neurowissenschaftlichen Zeitschriften.

Auch Zivilcourage wäre nach den Reduktionisten ein rein neuronaler Vorgang.

Es braucht das Gehirn, um Zivilcourage umzusetzen. Aber die Fähigkeit, Zivilcourage zu zeigen, hat eine Geschichte. Der couragierte Mensch hatte vielleicht Vorbilder, die Zivilcourage zeigten, oder er hat sie im Elternhaus erlebt. Solch komplexe Funktionen kann man nicht in einer bestimmten Hirnkonstellation lokalisieren, und ich glaube auch nicht, dass dies je möglich sein wird. In Einsteins Gehirn wollte man nach seinem Tod die Mathematik finden, man untersuchte es genau, aber fand seine phänomenale Begabung nicht. Oder Mozart, war er so außergewöhnlich begabt, weil sich sein ebenfalls begabter Vater gut um ihn kümmerte oder hatte er Vorbilder? Die Reduktionisten versuchen, alles im Gehirn abzulesen, weil es viel aufwendiger und viel komplizierter ist, den Kontext miteinzubeziehen. Aber der Kontext macht uns und unsere Handlungen erst aus. Es sollte in der Hirnforschung nicht nur das gesprochene Wort zählen, sondern auch die Beobachtung des Verhaltens, sie ist ein wichtiger Erkenntnisweg. Aber sie braucht eine lange Schulung.

Anfang der Neunzigerjahre rief der damalige US-Präsident George Bush die Dekade des Gehirns aus. Damals begannen die Neurowissenschaften zu boomen. Es hieß, der Mensch sei sein Gehirn. Die Hirnforschung geht in eine andere Richtung als die Richtung, die Sie propagieren.
Der Reduktionismus wird sich rächen, denn man verpasst Wesentliches.

Was verpasst man?
Die Person. Man kann die Größe messen, den Brustumfang, den Blutdruck, den Blutzucker. Messen, messen, messen. Trotzdem wissen wir vom Patienten nichts. Wir kennen die Person nicht, ihr wirkliches Erleben. Die Person lässt sich nicht rein quantitativ beschreiben. Meine Sorge ist, dass das Quantitative überhandnimmt. Das Gespräch zwischen Arzt und Patient wird immer weniger. Doch ohne oder nur in einem kurzen Gespräch weiß ich nicht, wie ein Patient die Diagnose Multiple Sklerose, die ich ihm mitteile, aufnimmt. Das kann ich mit messbaren Parametern nicht abbilden.

Sind Gehirn und Geist dasselbe?
Nein, aber sie bedingen sich gegenseitig und wirken zusammen. Der Zustand des Gehirns bestimmt auch die geistigen Funktionen. Stress zum Beispiel ist ein wichtiger Faktor. Wenn ich nur rumspeede, hüpft auch mein Gehirn vom einen zum nächsten. Es gehört zur Selbsterkenntnis, zu merken, welcher Stresslevel für einen gut ist. Wir sind nicht nur das Opfer unserer Gehirnfunktionen.

Das Human Brain Project möchte das Gehirn simulieren, um Krankheiten besser erforschen zu können. Wird dies funktionieren?
Ich war drei Jahre lang im Ethikkomitee des Human Brain Projects und bekam das Gefühl: Hier wird vor allem Com-

puterwissenschaft betrieben. Das ist, was den Computer betrifft, sicher interessant. Aber die ganze Welt des Gehirns, das, was den Menschen ausmacht, das kann so nicht erfasst werden. Die Simulation von Nervenzellen bildet nicht das Gehirn als Organ ab. Für mich ist das Gehirn ein Organ der Interaktion, von Mensch zu Mensch und von Mensch zu Umwelt. Als Arzt habe ich immer mit ganzen Menschen zu tun, das betrachte ich als Privileg. Ich kann mit Menschen reden, ich kann ihnen schreiben, ich kann ihnen zuhören. Mich beflügelt es, von anderen Menschen Dinge zu erfahren, bei allem Bedauern, dass wir für Patienten nicht paradiesische Zustände schaffen können.

Hätte das simulierte Gehirn ein Bewusstsein?
Es gibt Wissenschaftler, die das behaupten, aber es gibt keinen einzigen Hinweis, dass dies irgendwann möglich sein wird. Wenn ich nur an mein Leben denke: Man wird meine Kantonsschulzeit in St. Gallen, das Studium, die Musik, meine Freundschaften nicht simulieren können. Mein Bewusstsein ist nicht unabhängig von meiner Geschichte. Und auch mein Körper trägt wesentlich dazu bei, wie ich mein Bewusstsein wahrnehme. Bewusstsein kann nicht unabhängig vom Körper untersucht werden, das geht nur mit ihm zusammen.

Was passiert bei der Gehirnwäsche?
Es wird mit Angst gearbeitet. Und wenn wir Angst haben, sind bestimmte Gehirngebiete lahmgelegt, wie in einer Narkose. Das Gehirn funktioniert nicht mehr richtig, es nimmt nur noch die Information auf, die ihm eingetrichtert wird, und das Verhalten wird konform, so, wie es von den Gehirnwäschern gewünscht wird.

Nehmen wir an, ein Gehirn ließe sich transplantieren, A bekäme das Gehirn von B. Würde A zu B?

Gott sei Dank lässt sich das nicht machen. Eine Gehirn-Transplantation ist technisch nicht möglich und das ist typisch. So, wie wir die Hirnfunktionen auffassen, sind sie eben nicht übertragbar. Persönlichkeit und Person sind immer etwas Spezielles, etwas Eigenes.

Kann es ein Leben nach dem Tod geben, obwohl mit dem Lebensende auch das Bewusstsein endet?

Wir kennen das Leben nur bis zum Tod. Dann hören die Prozesse auf, die wir als Grundlage des Lebens, als Grundlage einer Person verstehen. Deshalb haben wir mit unseren Methoden keine Möglichkeit, zu überprüfen, ob es ein Leben nach dem Tod gibt. Wir können Berichte von Menschen hören, die sagen, sie hätten eine Methodik, die ihnen Zugang zu anderen Welten verschaffe, so wie der Dalai-Lama, von dem ich zu Beginn unseres Gesprächs erzählt habe. Wir kennen Beispiele von Menschen, die mit Verstorbenen in Kontakt kommen. Wenn ich träume, habe ich manchmal auch Kontakt mit Menschen, die verstorben sind, und kann mich mit ihnen unterhalten. Beim Aufwachen frage ich mich dann, inwiefern der Traum mit dem Gedächtnis verknüpft ist. Ich kann ja auch im Tageszustand Verstorbene so in Erinnerung rufen, dass sie mir sehr lebendig erscheinen.

Kurzbiografie Jürg Kesselring

Prof. Dr. Jürg Kesselring, geboren 1951 in St. Gallen, studierte an der Universität Bern Medizin, wo er 1981 auch promovierte. Nach dem Studium bildete er sich zum Facharzt für Neurologie und später zum Facharzt für Physikalische Medizin und Rehabilitation aus. Von 1988 bis 2017 war er Chefarzt für Neurologie und Rehabilitation am Rehabilitationszentrum in Valens, wo er noch heute als Senior Expert tätig ist. Seit 1996 ist er Titularprofessor für klinische Neurologie und Neurorehabilitation an der Universität Bern. Im Fokus seiner Arbeit stehen Menschen, die an Multipler Sklerose erkrankt sind – dreißig Jahre lang engagierte er sich ehrenamtlich in der Schweizerischen MS-Gesellschaft, von 2005 bis 2011 als deren Präsident. In den Siebziger- und Achtzigerjahren war er als Arzt für das Internationale Komitee des Roten Kreuzes im Libanon und in Zaire im Einsatz, seit 2010 ist er Mitglied im IKRK-Komitee, das über die Strategie der humanitären Organisation bestimmt.

Kesselring, der täglich Cello spielt, musizierte mehrmals als Amateur im Zürcher Kammerorchester unter der Leitung von Howard Griffiths. Und er schreibt Gedichte, sie sind unter dem Titel *Leise Laute* im Basler Johannes Petri-Verlag erschienen.

Jürg Kesselrings Forschung: www.tinyurl.com/juergkesselring

Dank

Silvia Arber, Josef Bischofberger, Peter Brugger, Jean-Marc Fritschy, Felix Hasler, Gregor Hasler, Lutz Jäncke, Pascal Kaufmann, Jürg Kesselring, Peter Klaver, Boris Nikolai Konrad, Isabelle Mansuy, Thomas Nevian, Jessica Peter, Katrin Preller, Luca Regli, Michael Schredl – den Wissenschaftlerinnen und Wissenschaftlern, die in langen Gesprächen Antworten auf all meine Fragen zum Gehirn hatten, danke ich herzlich.

Sie berichteten mir von ihrer Forschung, von ihren Erkenntnissen und auch davon, was sie noch nicht wissen. Bei allen war die Leidenschaft spürbar, das Gehirn stets noch besser verstehen zu wollen. Nie zuvor habe ich über unser erstaunlichstes Organ so viel gelernt. Und die unterschiedlichen Antworten, die manche auf ein und dieselbe Frage gaben, haben mir gezeigt, dass es für vieles mehrere unterschiedliche Ansichten geben kann.

Mein großer Dank gilt meinem Lebenspartner, Edy Winiger. Dafür, dass ich ihm immer und immer wieder von den Gesprächen und den Recherchen, die ich machte, berichten konnte. Für seine präzisen Nachfragen, die mich wiederum auf neue Fragen brachten. Und für seine immerwährende Unterstützung.

Danken möchte ich auch meiner ehemaligen Arbeitskollegin Ginette Wiget, die mich auf die Idee brachte, ein Buch zu schreiben, und meinem damaligen Chefredaktor Daniel Dunkel, der die Idee dem Kein&Aber-Verlag vorschlug.

Vielen Dank auch all meinen Freunden, speziell Judith, Therese, Anita, Bea und Simone für all die Stunden, die ich mit ihnen über meine jeweils neusten Gehirn-Erkenntnisse sprechen durfte, und für das Interesse, das sie meiner Arbeit entgegenbrachten.

Besonders danken möchte ich meiner Lektorin Johanna von Rauch, die mit großer Sorgfalt und großem Gespür für Sprache die Texte bearbeitet hat. Die Zusammenarbeit mit ihr war eine Freude.

Mein Dank geht auch an Franziska Sonderer vom Kein&Aber-Verlag Zürich für ihre stets herzliche Begleitung.

Foto © Yves Bachmann/Tamedia

Barbara Schmutz, geboren 1963, ist Journalistin, Autorin und Drehbuchautorin. Sie besuchte die Schweizer Journalistenschule MAZ, die Drehbuchschule SAL in Zürich und hat einen MAS in Applied Ethics der Universität Zürich. Sie arbeitet für verschiedene Schweizer Zeitungen und Magazine. 1997 gewann sie für eine Artikelserie den Swiss Press Award. 2006 drehte sie für das Schweizer Fernsehen SRF einen Dokumentarfilm über das Attentat von Zug, dem 14 Politikerinnen und Politiker zum Opfer fielen.